Super M

Mathematik für alle

4

Herausgegeben von
Klaus Heinze
Ursula Manten
Gudrun Hütten

Erarbeitet von
Heidi Dietz
Bettina Egbers
Matthia Gratzki
Klaus Heinze

Illustrationen von
Eve Jacob
Dorothee Mahnkopf
Martina Leykamm

Cornelsen

Zahlen bis 1000

T	H	Z	E
	2	4	3

200 + 40 + 3 = 243

Schriftliches Rechnen

	2	3	6
+	4	5	7
		1	
	6	9	3

	5	7	2
−	2	4	7
		1	
	3	2	5

		6	10
	5	7	2
−	2	4	7
	3	2	5

Längen

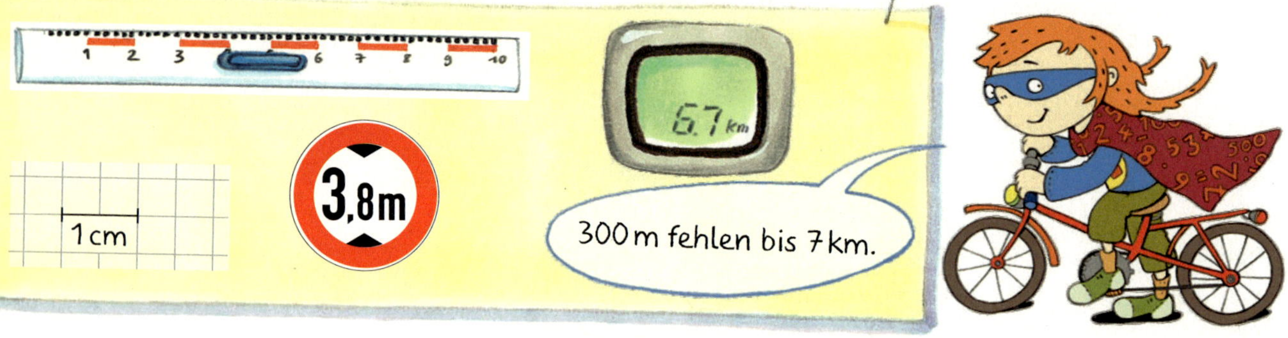

Halbschriftliches Rechnen

3	·	2	3	4	=	7	0	2
3	·	2	0	0	=	6	0	0
3	·		3	0	=		9	0
3	·			4	=		1	2

2	5	2	:	4	=	6	3
2	0	0	:	4	=	5	0
	4	0	:	4	=	1	0
	1	2	:	4	=		3

Symmetrie

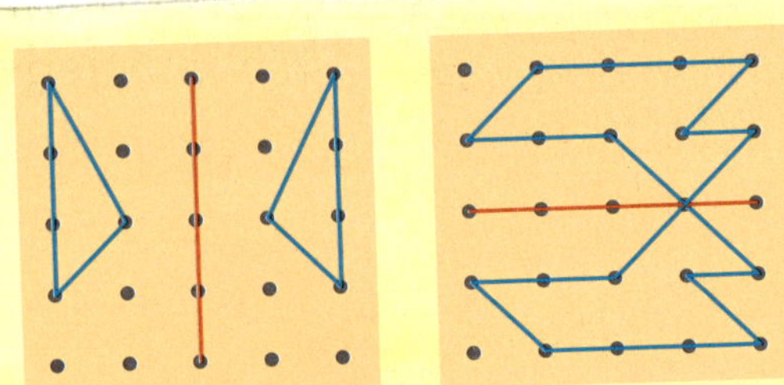

Volumen

250 ml 1 l 10 l

Gewicht

1 kg 250 g

Körpernetze

Würfelkörper

3	2
3	2
2	1
1	1

Zahlen bis 1 000 000

200 000 + 30 000 + 1 000 + 200 + 10 + 3 =
231 213

Schriftliche Multiplikation

```
2 1 4 2 · 3
    6 4 2 6
```

Drehsymmetrie

Schriftliche Division

```
  5 1 4 8 : 4 = 1 2 8 7
– 4
  1 1
–   8
    3 4
  – 3 2
      2 8
    – 2 8
        0
```

Körpernetze

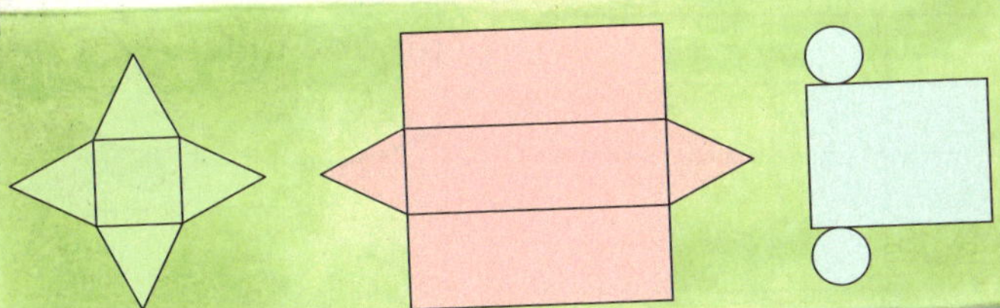

Längen

km			m		
		8	7	5	0

8,750 km = 8 km 750 m = 8 750 m

Das Geodreieck

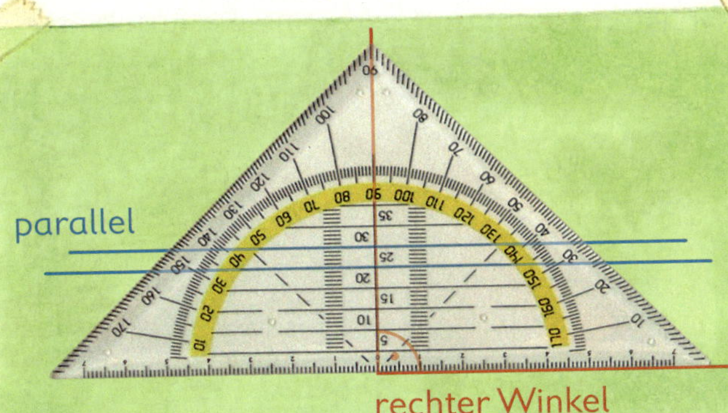

Flächenmaße

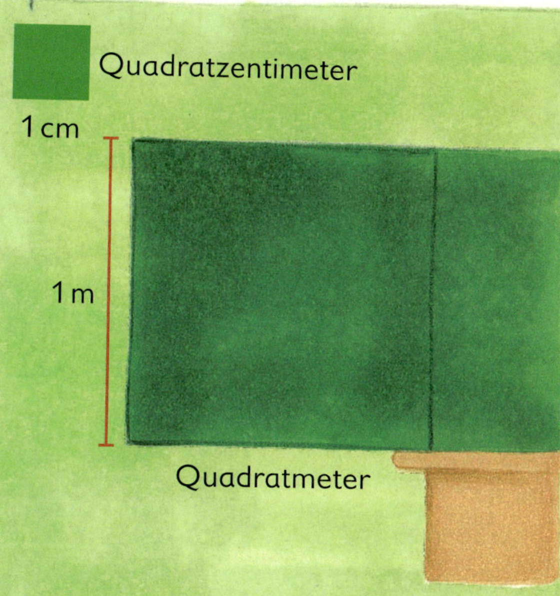

Der Zirkel

Zahlenraum bis 1 Million; Schreibweisen bei Längen; Schriftliche Multiplikation und Division; Symmetrie; Flächeninhalt; Körper, Netze; Geodreieck

E▸2 AH▸3 A▸2

Addition und Subtraktion

(1) Rechne im Kopf.

a) 4 + 3, 40 + 30, 400 + 300
b) 9 − 5, 90 − 50, 900 − 500
c) 40 + 50, 140 + 50, 240 + 50
d) 80 − 30, 180 − 30, 280 − 30
e) 80 + 50, 380 + 50, 580 + 50
f) 120 − 40, 420 − 40, 620 − 40

(g) Schreibe eigene Päckchen wie oben.

(2) Wie geht es weiter? Wie heißt die Regel?

a) 325, 350, 375, … 525 Regel: immer + ___
b) 123, 173, 223, … 523 Regel: ___
c) 876, 856, 836, … 716 Regel: ___
d) 1 000, 850, 700, … 100 Regel: ___
(e) 942, 902, 922, 882, 902, … 822 Regel: ___
(f) 136, 196, 181, 241, 226, … 361 Regel: ___

(3) a)

100	
35	
	86
24	
	47
68	
	55
99	

b)

1 000	
350	
	860
240	
	470
680	
	550
990	

(4) In Tabellen rechnen

a)

+	30	200	60	400
40				
400				
50				
500				

b)

−	20	200	50	500
780				
980				
850				
640				

(5) Schreibe die Rechenwege von Maria und Max vollständig auf und berechne die Ergebnisse.

456 + 38

456 + 38 =
456 + 30 = ___
___ + ___ = ___
Maria

456 + 38 =
456 + 40 = ___
___ − ___ = ___
Max

875 − 59

875 − 59 =
875 − 50 = ___
___ − ___ = ___
Maria

875 − 59 =
875 − 60 = ___
___ + ___ = ___
Max

(6) Rechne mit deinem Rechenweg.

a) 347 + 26, 419 + 78, 236 + 49, 399 + 57
b) 271 + 29, 634 + 57, 555 + 45, 298 + 98
c) 674 − 46, 594 − 69, 382 − 28, 799 − 32
d) 573 − 99, 476 − 74, 853 − 54, 904 − 98
e) 524 + 38, 782 − 65, 288 + 64, 819 − 46

285 300 352 354 373 396 400 402 456 474 497 525 562 600 628 691 717 773 767 799 806

1 Analogieaufgaben im Kopf lösen, eigene Päckchen mit Analogieaufgaben schreiben; **2** Zahlenfolgen fortsetzen und ihren Aufbau beschreiben; **3** Zerlegungen der 100 bzw. der 1000; **5, 6** Wege halbschriftlicher Addition und Subtraktion nachvollziehen bzw. anwenden E▸3 AH▸4 A▸3

Liebe Schülerin, lieber Schüler,

so kannst du mit diesen Aufgaben üben:
- Schreibe immer zuerst deinen Namen und das Datum oben auf die Linien.
- Lies jede Aufgabe in Ruhe durch.
- Du kannst dir Notizen auf einem Übungspapier machen.
- Du darfst auch Hilfsmittel benutzen.
- Wenn du mit einer Aufgabe gar nicht zurechtkommst, mache bei der nächsten weiter und versuche es später noch einmal.
- Es können Aufgaben vorkommen, die du noch nicht kennst. Versuche es trotzdem. Wenn du gar nicht weiterkommst, frage jemanden um Hilfe.
- Wenn du mit einem Übungstest fertig bist, dann kannst du dein Ergebnis selbst beurteilen. Es gibt drei „Noten“, die du bei den Aufgaben ankreuzen kannst:
  ☺ Ich konnte die Aufgabe gut lösen.
  😐 Ich konnte die Aufgabe nur zum Teil lösen.
  ☹ Ich konnte die Aufgabe gar nicht lösen.

Sprich mit der Lehrerin/dem Lehrer oder mit deinen Eltern darüber, was du kannst und wo du vielleicht noch üben solltest.

Bei vielen Aufgaben sollst du etwas ausrechnen. Dein Ergebnis kannst du dann in die Felder eintragen.

Beispielaufgabe: 1 + 2 = [3]

Bei einigen Aufgaben sollst du die richtige Antwort ankreuzen.

Beispielaufgabe: Kreuze das richtige Ergebnis an.
1 + 2 = [ ]

0	1	2	3	4
☐	☐	☐	☒	☐

Wichtig: Meistens gibt es nur eine richtige Antwort.
Wenn mehrere Antworten richtig sind, dann wirst du darauf hingewiesen.
Kreuze **alle** richtigen Antworten an.

Und jetzt: Viel Spaß!

Wie bereite ich meine Schülerinnen und Schüler, wie bereite ich mein Kind auf die unbekannte Situation der neuen Lernstandserhebungen vor?

Liebe Lehrerinnen und Lehrer, liebe Eltern,

auch in den Grundschulen werden zukünftig bundesweit Lernstandserhebungen durchgeführt. Sie sollen die so genannten Standards überprüfen und wertvolle Hinweise für die Verbesserung der Lernleistungen sowie des Unterrichts geben.

Das erklärte Ziel der Lernstandserhebungen ist nicht das Erfassen der Leistungen einzelner Schülerinnen und Schüler, sondern die Qualitätssicherung und -steigerung des Unterrichts. Dennoch herrscht vielerorts eine gewisse Verunsicherung, denn für alle Beteiligten sind diese Lernstandstests völlig neu.

Mit den vorliegenden Lernstandsseiten möchten wir Ihre Kinder und Sie selbst bei der Vorbereitung der zentralen Lernstandserhebungen unterstützen.

Bei den zentralen Lernstandstests erfolgt die Bearbeitung der offiziellen Prüfungsaufgaben in einer vorgegebenen Zeit (z. B. in 90 Minuten). Sich über einen so langen Zeitraum auf Aufgaben zu konzentrieren, ist für viele Schülerinnen und Schüler möglicherweise neu. Das gilt auch für die Erfahrung, unter Zeitdruck zahlreiche, zum Teil noch unbekannte Aufgabenformate ohne Hilfsmittel bearbeiten zu müssen. Die vorliegenden Lernstandsseiten ermöglichen Ihren Schülerinnen und Schülern bzw. Ihrem Kind also eine Erfahrung, die im täglichen Unterricht fehlt: Sie bereiten mit sorgfältig ausgewählten, realitätsechten Aufgaben auf die ungewohnte Testsituation vor. Möglicherweise vorhandene Ängste werden abgebaut, die Kinder gewinnen Sicherheit gegenüber der Testsituation.

Eventuell noch vorhandene Lücken im Kenntnisstand werden sichtbar – und können durch geeignete Fördermaßnahmen geschlossen werden.

Je nach Verwendungssituation der vorliegenden Übungstests können die Kinder ihre Ergebnisse selbst beurteilen. Dazu dienen die so genannten Smileys in der Randspalte, neben den Testaufgaben. Die Erfahrung zeigt, dass Kinder recht schnell lernen, ihre Arbeitsergebnisse realistisch einzuschätzen. Auch dies gehört zu den Kompetenzen, die sie (nicht nur) in der Schule erwerben sollen. Selbstverständlich können Sie die Smileys auch selbst nutzen, um Ihren Schülerinnen und Schülern bzw. Ihrem Kind eine Rückmeldung zu den einzelnen Aufgaben zu geben.

Ihr Cornelsen Verlag

Wie ist mein Ergebnis?

1) Zahlen bilden

☺ 😐 ☹

4	7	8	3

Bilde mit den Ziffern vierstellige Zahlen, die größer als 7 500 sind. Schreibe alle Zahlen auf.

______

______

2) Zahlenrätsel

☺ 😐 ☹

a) Das Doppelte von 2 500 ist genauso groß wie die Hälfte von ______.

b) Der Unterschied zwischen der kleinsten vierstelligen Zahl und der größten dreistelligen Zahl ist ______.

c) Der Unterschied zwischen der größten vierstelligen Zahl und der größten dreistelligen Zahl ist ______.

d) Welche Zahlen zwischen 40 000 und 60 000 haben an allen Stellen gleiche Ziffern?
Es sind die Zahlen ______.

3) Zahlen verändern

☺ 😐 ☹

Lege zwei Plättchen an verschiedenen Stellen so hinzu, dass du

HT	ZT	T	H	Z	E
●●●	●●●●●●	●●		●●●	●

a) die größte Zahl: ______,

b) die zweitgrößte Zahl: ______,

c) die kleinste Zahl: ______,

d) die zweitkleinste Zahl: ______ erhältst.

☺ das kann ich gut lösen ☺ das kann ich nur zum Teil lösen ☹ das kann ich noch gar nicht lösen

Wie ist mein Ergebnis?

☺ 😐 ☹

4) Fehler finden beim Multiplizieren

a) Welche Fehler findest du? Kreise sie ein und rechne richtig.

5	7	0	·	2	3	8
	1	1	4	0		
		1	7	1	3	
			4	5	6	0
	1	2	5	6	9	0

b) Schreibe auf, was falsch gemacht wurde.

____

____

☺ 😐 ☹

5) Fehler finden beim Dividieren

a) Wo stecken die Fehler? Kreise sie ein und rechne richtig.

6	9	4	0	8	:	9	=	7	7	3
6	3									
	6	4								
	6	3								
		1	8							
		1	8							
			0							

b) Schreibe auf, was falsch gemacht wurde.

____

____

☺ das kann ich gut lösen 😐 das kann ich nur zum Teil lösen ☹ das kann ich noch gar nicht lösen

Wie ist mein Ergebnis?

6) Rechtecke – Quadrate

☺ 😐 ☹

a) Zeichne mit dem Geodreieck ein Rechteck mit einer Länge von 6,5 cm und einer Breite von 4 cm.

b) Zeichne in diese Figur eine Gerade, sodass ein Quadrat entsteht. Findest du mehrere Lösungen?

7) Preistabelle

☺ 😐 ☹

a) Fülle die Tabelle aus.

Gewicht	Preis
50 kg	
100 kg	
200 kg	101,20 €
250 kg	
	151,80 €
500 kg	
1 t	

b) Notiere, wie du den Preis für 500 kg berechnet hast.

Wie ist mein Ergebnis?

☺ 😐 ☹

8) Umfang und Fläche

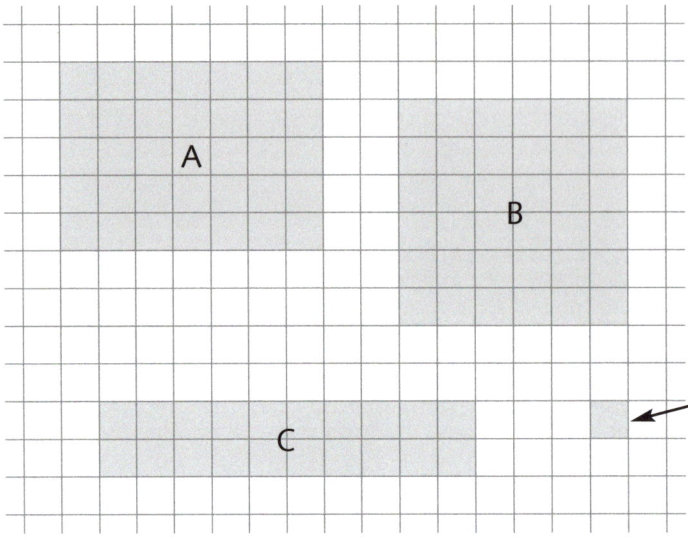

Eine Kästchenlänge entspricht einem Meter.

Ein Kästchen-Quadrat entspricht einem Meter-Quadrat.

a) Trage in die Tabelle ein.

Figur	Länge in m	Breite in m	Umfang in m	Fläche in Meter-Quadraten
A				
B				
C				

b) Was fällt dir auf? Notiere es.

____

____

☺ 😐 ☹

9) Kopfrechnen

60 · 800 = ______

296 + 4 · 5 = ______

4 200 : 70 = ______

240 : (24 – 12) = ______

☺ das kann ich gut lösen 😐 das kann ich nur zum Teil lösen ☹ das kann ich noch gar nicht lösen

Wie ist mein Ergebnis?

10) Parallel und senkrecht

☺ 😐 ☹

a) Zeichne mit dem Geodreieck zwei gerade Linien, die parallel zueinander verlaufen. Der Abstand der Linien soll 4,5 cm betragen.

b) Zeichne mit dem Geodreieck eine gerade Linie, die die Parallelen senkrecht schneidet.

11) Überschlag

☺ 😐 ☹

Welche Aussagen über das Ergebnis der Aufgabe **394 · 207** sind richtig?

- ☐ Das Ergebnis ist größer als 10 000.
- ☐ Das Ergebnis liegt zwischen 70 000 und 100 000.
- ☐ Das Ergebnis ist kleiner als 70 000.
- ☐ Das Ergebnis hat an der Einerstelle eine 8.

☺ das kann ich gut lösen ☺ das kann ich nur zum Teil lösen ☹ das kann ich noch gar nicht lösen

Wie ist mein Ergebnis?

☺ 😐 ☹

12) Immer größer

Wie geht es weiter? Wie viele kleine Würfel benötigt man beim vierten Körper?

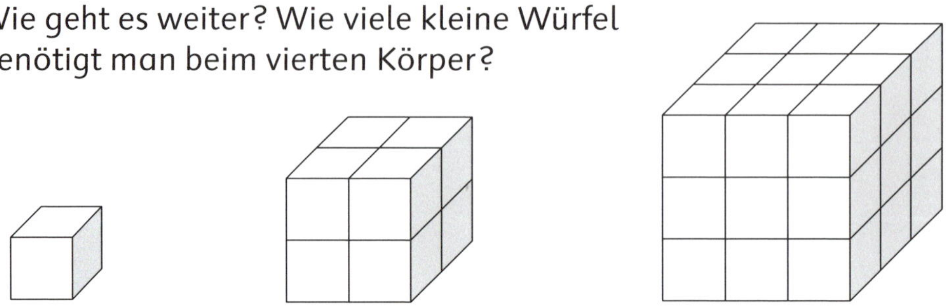

1. Körper 2. Körper 3. Körper

a) Trage die Anzahl der kleinen Würfel in die Tabelle ein.

1. Körper	2. Körper	3. Körper	4. Körper
1 kleiner Würfel	___ kleine Würfel	___ kleine Würfel	___ kleine Würfel

b) Für den 10. Körper braucht man ___ kleine Würfel.

c) Welche Aussage ist richtig?

- ☐ Wenn ich bei einem der Körper die Kantenlänge verdoppele, brauche ich **doppelt** so viele kleine Würfel wie vorher.
- ☐ Wenn ich bei einem der Körper die Kantenlänge verdoppele, brauche ich **viermal** so viele kleine Würfel wie vorher.
- ☐ Wenn ich bei einem der Körper die Kantenlänge verdoppele, brauche ich **achtmal** so viele kleine Würfel wie vorher.
- ☐ Wenn ich bei einem der Körper die Kantenlänge verdoppele, brauche ich **zehnmal** so viele kleine Würfel wie vorher.

☺ das kann ich gut lösen 😐 das kann ich nur zum Teil lösen ☹ das kann ich noch gar nicht lösen

Wie ist mein Ergebnis?

13) Größen

☺ 😐 ☹

Rechne um.

3,7 km	=	____	m	$\frac{3}{4}$ kg	=	____	g
2,50 m	=	____	cm	200 ml	=	____	l
75 Cent	=	____	€	0,5 l	=	____	ml

14) So viele Zuschauer

☺ 😐 ☹

Bei Heimspielen hatte der VFB Stuttgart im Gottlieb-Daimler-Stadion folgende Zuschauerzahlen.

VFB Stuttgart gegen	Zuschauer	gerundet auf Tausender
Bielefeld	35 125	35 000
Bremen	43 756	
Dortmund	54 267	
Freiburg	28 763	
Schalke	49 598	

a) Runde die Zuschauerzahlen auf volle Tausender.

b) Stelle die gerundeten Zuschauerzahlen in einem Streifendiagramm dar.

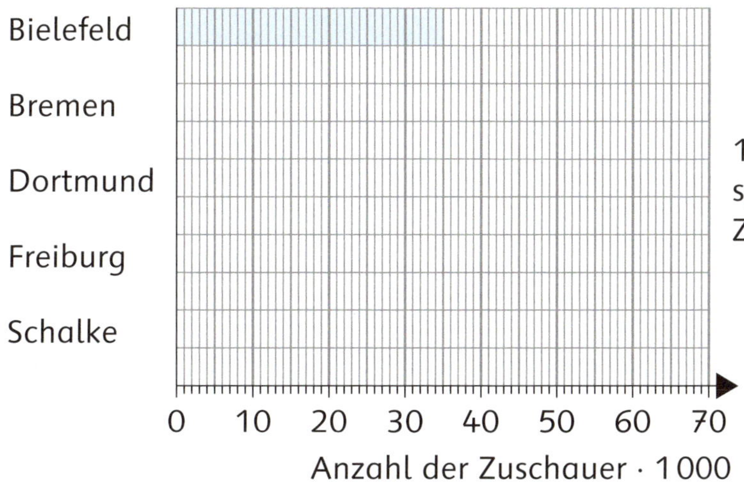

1 mm entspricht 1 000 Zuschauern.

Wie ist mein Ergebnis?

☺ 😐 ☹

15) Eine Reise durch Europa

Herr Frey hat mit seinem Wohnmobil eine längere Reise durch Europa gemacht.

Als er am 15. Juni losfuhr, stand der Kilometerzähler auf 98 456 km. Nach 20 Tagen war er von seiner Reise zurück. Auf dem Kilometerzähler konnte er 101 696 km ablesen.

Herr Frey hat auch notiert, dass er während seiner Reise mit dem Wohnmobil insgesamt ungefähr 60 Stunden gefahren ist.

Kreuze an, welche Fragen du beantworten kannst.

- ☐ Bei welchem Kilometerstand muss das Wohnmobil in die Werkstatt?
- ☐ Wann ist Herr Frey von seiner Reise zurückgekommen?
- ☐ Wie viele Kilometer fährt Herr Frey mit seinem Wohnmobil im Jahr?
- ☐ Wie viele Kilometer hat Herr Frey mit seinem Wohnmobil durchschnittlich in einer Stunde Fahrt zurückgelegt?

☺ das kann ich gut lösen 😐 das kann ich nur zum Teil lösen ☹ das kann ich noch gar nicht lösen

Lösungen Lernstandserhebung Seiten 1 und 2

1) Zahlen bilden

4	7	8	3

Bilde mit den Ziffern vierstellige Zahlen, die größer als 7 500 sind. Schreibe alle Zahlen auf.

7 843, 7 834, 8 374, 8 347, 8 473, 8 437, 8 734, 8 743

2) Zahlenrätsel

a) Das Doppelte von 2 500 ist genauso groß wie die Hälfte von **10 000**.

b) Der Unterschied zwischen der kleinsten vierstelligen Zahl und der größten dreistelligen Zahl ist **1 000 – 999 = 1**.

c) Der Unterschied zwischen der größten vierstelligen Zahl und der größten dreistelligen Zahl ist **9 999 – 999 = 9 000**.

d) Welche Zahlen zwischen 40 000 und 60 000 haben an allen Stellen gleiche Ziffern?
Es sind die Zahlen **44 444, 55 555**.

3) Zahlen verändern

Lege zwei Plättchen an verschiedenen Stellen so hinzu, dass du

HT	ZT	T	H	Z	E
•••	•••• ••	••		•••	•

a) die größte Zahl: **472 031**,

b) die zweitgrößte Zahl: **463 031**,

c) die kleinste Zahl: **362 042**,

d) die zweitkleinste Zahl: **362 132** erhältst.

4) Fehler finden beim Multiplizieren

a) Welche Fehler findest du? Kreise sie ein und rechne richtig.

```
570 · 238            570 · 238
 1140                 1140
  171(3)⁰              1710
   4560                 4560
1(2)³5 6(9)⁶0        135660
```

b) Schreibe auf, was falsch gemacht wurde.

3 · 0 = 0, Folgefehler 0 + 6 = 6, Übertrag vergessen 1 + 1 + 1 = 3

5) Fehler finden beim Dividieren

a) Wo stecken die Fehler? Kreise sie ein und rechne richtig.

```
69408 : 9 = 77(3)¹2      69408 : 9 = 7712
63                       63
 64                       64
 63                       63
  1(8)⁰                    10
 (1 8)⁹                     9
  (0)¹8                     18
   18                       18
    0                        0
```

b) Schreibe auf, was falsch gemacht wurde.

falsche Ziffer heruntergezogen und Folgefehler

Lösungen Lernstandserhebung Seiten 3 und 4

6) Rechtecke – Quadrate

a) Zeichne mit dem Geodreieck ein Rechteck mit einer Länge von 6,5 cm und einer Breite von 4 cm.

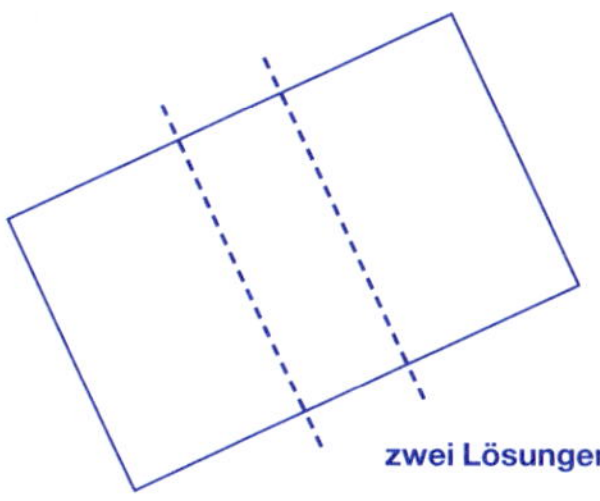

zwei Lösungen möglich

b) Zeichne in diese Figur eine Gerade, sodass ein Quadrat entsteht. Findest du mehrere Lösungen? **ja**

7) Preistabelle

a) Fülle die Tabelle aus.

Gewicht	Preis
50 kg	**25,30 €**
100 kg	**50,60 €**
200 kg	101,20 €
250 kg	**126,50 €**
300 kg	151,80 €
500 kg	**253,00 €**
1 t	**506,00 €**

b) Notiere, wie du den Preis für 500 kg berechnet hast. **z. B.:**

(101,20 € + 25,30 €) · 2; 25,30 € · 10 usw.

8) Umfang und Fläche

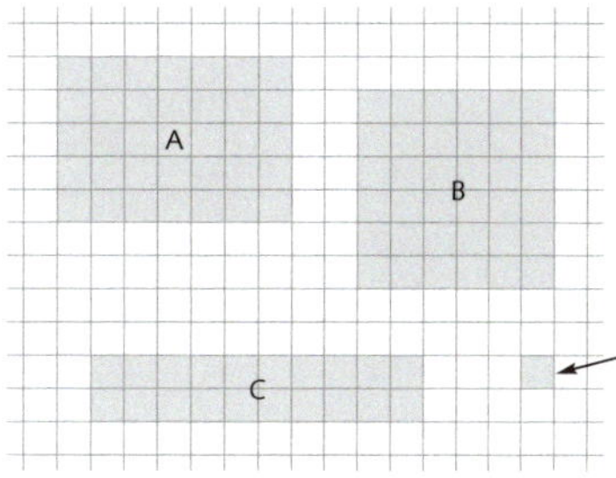

Eine Kästchenlänge entspricht einem Meter.

Ein Kästchen-Quadrat entspricht einem Meter-Quadrat.

a) Trage in die Tabelle ein.

Figur	Länge in m	Breite in m	Umfang in m	Fläche in Meter-Quadraten
A	**7 (5)**	**5 (7)**	**24**	**35**
B	**6**	**6**	**24**	**36**
C	**10 (2)**	**2 (10)**	**24**	**20**

b) Was fällt dir auf? Notiere es.

Umfang von A, B und C ist gleich groß. Figur B (Quadrat) hat bei gleichem Umfang den größten Flächeninhalt.

9) Kopfrechnen

60 · 800 = **48 000**

296 + 4 · 5 = **316**

4 200 : 70 = **60**

240 : (24 – 12) = **20**

10) Parallel und senkrecht

a) Zeichne mit dem Geodreieck zwei gerade Linien, die parallel zueinander verlaufen. Der Abstand der Linien soll 4,5 cm betragen.

Lösungsbeispiel:

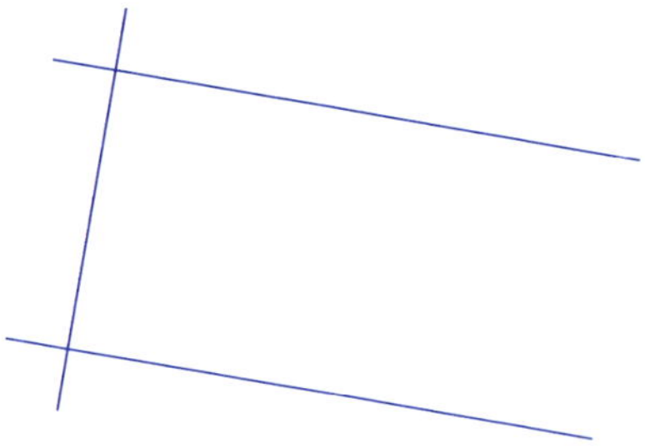

b) Zeichne mit dem Geodreieck eine gerade Linie, die die Parallelen senkrecht schneidet.

11) Überschlag

Welche Aussagen über das Ergebnis der Aufgabe **394 · 207** sind richtig?

- [X] Das Ergebnis ist größer als 10 000.
- [X] Das Ergebnis liegt zwischen 70 000 und 100 000.
- [ ] Das Ergebnis ist kleiner als 70 000.
- [X] Das Ergebnis hat an der Einerstelle eine 8.

12) Immer größer

Wie geht es weiter? Wie viele kleine Würfel benötigt man beim vierten Körper? **64**

a) Trage die Anzahl der kleinen Würfel in die Tabelle ein.

1. Körper	2. Körper	3. Körper	4. Körper
1 kleiner Würfel	**8** kleine Würfel	**27** kleine Würfel	**64** kleine Würfel

b) Für den 10. Körper braucht man **1 000** kleine Würfel.

c) Welche Aussage ist richtig?

- [ ] Wenn ich bei einem der Körper die Kantenlänge verdoppele, brauche ich **doppelt** so viele kleine Würfel wie vorher.
- [ ] Wenn ich bei einem der Körper die Kantenlänge verdoppele, brauche ich **viermal** so viele kleine Würfel wie vorher.
- [X] Wenn ich bei einem der Körper die Kantenlänge verdoppele, brauche ich **achtmal** so viele kleine Würfel wie vorher.
- [ ] Wenn ich bei einem der Körper die Kantenlänge verdoppele, brauche ich **zehnmal** so viele kleine Würfel wie vorher.

13) Größen

Rechne um.

3,7 km	=	**3700** m	$\frac{3}{4}$ kg	=	**750** g
2,50 m	=	**250** cm	200 ml	=	**0,2** l
75 Cent	=	**0,75** €	0,5 l	=	**500** ml

14) So viele Zuschauer

Bei Heimspielen hatte der VFB Stuttgart im Gottlieb-Daimler-Stadion folgende Zuschauerzahlen.

a) Runde die Zuschauerzahlen auf volle Tausender.

VFB Stuttgart gegen	Zuschauer	gerundet auf Tausender
Bielefeld	35 125	35 000
Bremen	43 756	**44 000**
Dortmund	54 267	**54 000**
Freiburg	28 763	**29 000**
Schalke	49 598	**50 000**

b) Stelle die gerundeten Zuschauerzahlen in einem Streifendiagramm dar.

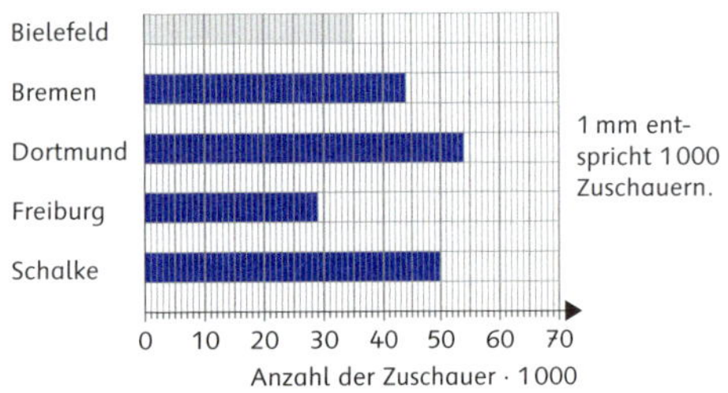

1 mm entspricht 1 000 Zuschauern.

15) Eine Reise durch Europa

Herr Frey hat mit seinem Wohnmobil eine längere Reise durch Europa gemacht.

Als er am 15. Juni losfuhr, stand der Kilometerzähler auf 98 456 km. Nach 20 Tagen war er von seiner Reise zurück. Auf dem Kilometerzähler konnte er 101 696 km ablesen.

Herr Frey hat auch notiert, dass er während seiner Reise mit dem Wohnmobil insgesamt ungefähr 60 Stunden gefahren ist.

Kreuze an, welche Fragen du beantworten kannst.

- [ ] Bei welchem Kilometerstand muss das Wohnmobil in die Werkstatt?
- [X] Wann ist Herr Frey von seiner Reise zurückgekommen?
- [ ] Wie viele Kilometer fährt Herr Frey mit seinem Wohnmobil im Jahr?
- [X] Wie viele Kilometer hat Herr Frey mit seinem Wohnmobil durchschnittlich in einer Stunde Fahrt zurückgelegt?

15. Juni + 15 Tage = 30. Juni
30. Juni + 5 Tage = 5. Juli

```
 101696      3240 : 60 = 54
− 98456      324
   3240      300
              240
              240
                0
```

Herr Frey ist am 5. Juli von seiner Reise zurückgekommen.

Er hat durchschnittlich 54 km in einer Stunde zurückgelegt.

Lernstandserhebung erarbeitet von Klaus Heinze

7 Schriftliche Addition

6	7	8	+	2	9	6					
Ü:	6	8	0	+	3	0	0	=	9	8	0
									H	Z	E
									6	7	8
								+	2	9	6
									1	1	
									9	7	4

Schreibe stellengerecht untereinander und rechne. Mache zuerst einen Überschlag.

a) 417 + 269
570 + 274
843 + 89

b) 60 + 398
386 + 497
499 + 49

c) 175 + 487 + 45
317 + 48 + 209
678 + 95 + 37

d) 22 + 306 + 128
451 + 237 + 9
264 + 58 + 607

8 Schriftliche Subtraktion

Rechne schriftlich.
Mache zuerst einen Überschlag.

a) 912 – 648
754 – 269
603 – 448
840 – 375
521 – 236
462 – 317

b) 837 – 198
561 – 79
927 – 48
634 – 86
719 – 67
1 000 – 444

7	8	3	–	3	5	8					
Ü:	7	8	0	–	3	6	0	=	4	2	0
	H	Z	E			H	Z	E			
							7	10			
	7	8	3			7	~~8~~	3			
–	3	5	8		–	3	5	8			
		1									
	4	2	5			4	2	5			

9 Überprüfe die Aufgaben. Welche Fehler wurden gemacht? Rechne die Aufgaben richtig in deinem Heft.

a) 367 + 248 = 505

b) 862 – 74 = 122

c) 428 + 396 (Übertrag 1 1) = 825

d) 903 – 457 (Übertrag 1) = 546

e) 184 + 438 (Übertrag 1 1) = 722

S. 5, Nr. 9
a) Fehler: A
 367
+248
 (1 1)
 615 ✓

A Übertrag vergessen **B** falsch untereinander geschrieben **C** Fehler beim Addieren/Subtrahieren

10 Ergänze die fehlenden Ziffern so, dass die Rechnung stimmt.

a) □□□ – 247 = 658

b) □□□ + 357 = 829

c) 1□8 + □3□ = 950

d) 9□5 – 43□ = □43

e) 777 – □□□ = 395

Ergänze auch die Überträge.

11 Schreibe und rechne nur Aufgaben, deren Ergebnis zwischen 500 und 600 liegt.

a) 419, 376, 513, 274, □ + 86, 309, 179, 268

b) 926, 764, 816, 873, □ – 408, 314, 387, 219

8 Ergänzungs- oder Abziehverfahren nutzen; 9 Aufgaben auf häufige Fehler überprüfen, Fehler berichtigen;
11 Mit Hilfe des Überschlags passende Aufgaben finden, schriftlich das genaue Ergebnis berechnen
E▸3 AH▸4 A▸3

Multiplikation

① Mit Zehnerzahlen multiplizieren

a)	b)	c)	d)	e)	f)
3 · 50	8 · 70	10 · 60	8 · 20	9 · 30	6 · 20
6 · 50	4 · 70	9 · 60	8 · 40	9 · 60	6 · 40
9 · 50	2 · 70	8 · 60	8 · 80	9 · 90	6 · 60

g) Was fällt dir bei den Päckchen auf? Schreibe ähnliche Päckchen mit Zehnerzahlen.

② Rechne geschickt.

a)	b)	c)
3 · 5 · 8	6 · 7 · 5	6 · 5 · 8
7 · 5 · 4	9 · 2 · 5	7 · 2 · 5
5 · 9 · 4	7 · 8 · 5	5 · 4 · 9
5 · 5 · 8	6 · 9 · 5	9 · 8 · 5

③ Rechenwege bei der Multiplikation

7 · 56

Halbschriftlich
7 · 56 =
7 · 50 = _
_ · _ = _

7 · 69 **9 · 15**

Geschickt rechnen
7 · 69 = 9 · 15 =
7 · 70 = _ 10 · 15 = _
_ – _ = _ _ – _ = _

3 · 21

Im Kopf
3 · 21 = _

Schreibe die Rechnungen vollständig auf und bestimme die Ergebnisse.

④ Rechne mit deinem Rechenweg.

a)	b)	c)	d)	e)	f)
6 · 39	9 · 13	8 · 27	4 · 22	7 · 48	9 · 99
4 · 89	9 · 45	6 · 87	3 · 23	6 · 59	5 · 95

69 88 117 216 234 282 336 354 356 405 475 522 891

⑤ Preistabellen

a)

Jacken	1	2	4	8	10
Preis	30 €				

b)

Hosen	1	2	4	5	20
Preis		40 €			

⑥ Multiplizieren in Tabellen

a)

·	24	36	48
2			
4			
8			
7			

b)

·	13	26	52
3			
6			
9			
8			

⑦ Finde und rechne Malaufgaben …

3 5 [ ] 9 · 75 12 53 35 89 21

a) … mit einem Ergebnis kleiner als 100.
b) … mit einem Ergebnis größer als 500.
c) … mit einem Ergebnis größer als 100 und kleiner als 200.

1 Struktur innerhalb der einzelnen Päckchen erkennen, eigene Päckchen mit ähnlicher Struktur entwickeln; **2** Faktoren vertauschen, um einfach im Kopf rechnen zu können; **3, 4** Wege halbschriftlicher Multiplikation nachvollziehen bzw. anwenden E▸4 AH▸5 A▸4

1 Division durch einstellige Zahlen

M: 42 : 6
420 : 6

a) 420 : 6
360 : 4
210 : 3
630 : 7

b) 560 : 8
240 : 6
350 : 5
720 : 9

2 Division durch Zehnerzahlen

M: 18 : 6
180 : 6
180 : 60

a) 180 : 60
630 : 90
480 : 80
360 : 40

b) 120 : 40
320 : 80
490 : 70
810 : 90

3 **a)**

:	4	40	2	20
80				
120				
200				

b)

:	3	30		
180				
270				
90				

4 Rechenwege bei der Division

264 : 8

Halbschriftlich
264 : 8 = ____
240 : 8 = ___
___ : 8 = ___

276 : 4

Geschickt rechnen
276 : 4 = ____
280 : 4 = ___
___ − 1 = ___

147 : 7

Im Kopf
147 : 7 = ___

Schreibe die Rechnungen vollständig auf und bestimme die Ergebnisse.

5 Rechne mit deinem Rechenweg.

a) 356 : 4
414 : 6

b) 175 : 5
477 : 9

c) 355 : 5
728 : 8

d) 252 : 6
364 : 7

e) 819 : 9
237 : 3

f) 192 : 8
322 : 7

24 28 35 42 46 52 53 69 71 79 89 91 91

6 Division mit Rest. **Tipp:** Eine Aufgabe hat keinen Rest.

S. 7, Nr. 6
a) 100 : 6 = 16 R 4
60 : 6 = 10
40 : 6 = 6 R 4

a) 100 : 6
200 : 6
400 : 6

b) 100 : 9
200 : 9
400 : 9

c) 130 : 8
260 : 8
520 : 8

d) 140 : 6
280 : 6
520 : 6

7 Notiere die passende Rechnung und rechne aus.

a) 276 Brötchen werden in Tüten zu je 6 Stück verpackt.

b) 280 Kinder bilden Fünfergruppen.

c) Der vierte Teil von 300 ist …

d) 68 ist der vierte Teil von …

e) Der dritte Teil von 255 ist …

1, 2 Divisionsaufgaben mit Hilfe von Analogie-Aufgaben lösen; **3 b)** gemeinsame Teiler von 180, 270 und 90 einsetzen;
5, 6 Wege halbschriftlicher Division nachvollziehen bzw. anwenden

E▸4 AH▸5 A▸4

① Zahlen bilden

a) Du hast 5 Plättchen. Welche Zahlen größer als 100 kannst du damit legen? Wie viele verschiedene Zahlen gibt es?

b) Welche Zahlen größer als 100 lassen sich mit 6 Plättchen legen? Wie viele verschiedene gibt es?

② Addition in Zahlenquadraten

Im Quadrat sollen die Zahlen von 1 bis 9 je einmal vorkommen. Sie werden waagerecht und senkrecht addiert. Am Pfeil steht die Summe der jeweiligen Zeile oder Spalte.

a)

9			→ 16
		7	→ 13
	5		→ 16
↓ 16	↓ 8	↓ 21	

b)

1			→ 10
	3		→ 11
		7	→ 24
↓ 11	↓ 16	↓ 18	

③ Verschlüsselte Zahlenquadrate

Auch in dieses Quadrat sollen Zahlen eingesetzt werden. Sie werden waagerecht und senkrecht addiert. Am Pfeil steht die Summe der jeweiligen Zeile oder Spalte.

♥	♠	♠	♥	→ 36
♣	♠	♥	♣	→ 24
♦	♦	♦	♦	→
♣	♠	♥	♠	→ 32
↓ 30	↓ 50	↓ 42	↓ 38	

Jedes Symbol steht für eine Zahl.
Gleiche Symbole bedeuten gleiche Zahlen.
Wieder werden in jeder Zeile und in jeder Spalte die Zahlen addiert.

a) Wie heißt die Summe in der dritten Zeile?

b) Finde für jedes Symbol die passende Zahl.

④ Magische Quadrate – Besondere Zahlenquadrate

Mit den Zahlen 4, 8, 12, 16, 20, 24, 28, 32 und 36 kannst du magische Quadrate bilden. Waagerecht, senkrecht und diagonal ergibt sich als Summe immer die gleiche magische Zahl.

8	36	16
28	20	12
24	4	32

16	36	8
12	20	28
32	4	24

a) Welches sind die magischen Zahlen der beiden Quadrate?

b) Vergleiche die beiden magischen Quadrate. Was fällt dir auf?

c) Bilde weitere magische Quadrate mit diesen Zahlen. Wie viele findest du? Wie gehst du vor?

1 Systematisches Notieren aller Zahlen

E▸5 AH▸6 A▸5

5 Summe 20

a) Verteile die Zahlen von 1 bis 9 so auf die Kästchen, dass die Summe der vier Zahlen auf jeder Dreiecksseite 20 ist.

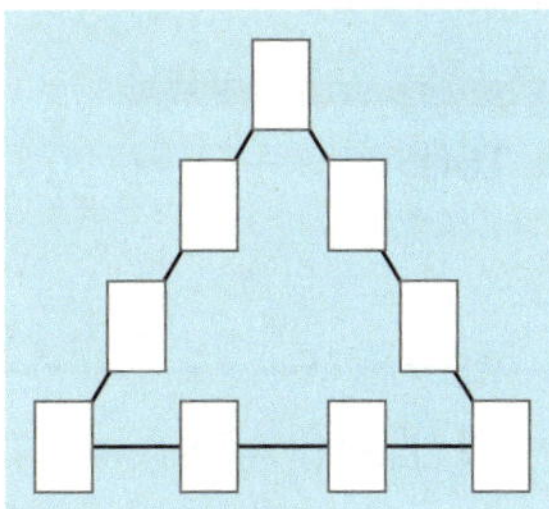

b Finde eine Lösung mit der größtmöglichen (kleinstmöglichen) Summe.

6 Keine Nachbarzahlen

a) Verteile die Zahlen von 1 bis 8 so auf die Kästchen, dass keine Nachbarzahlen miteinander verbunden sind.

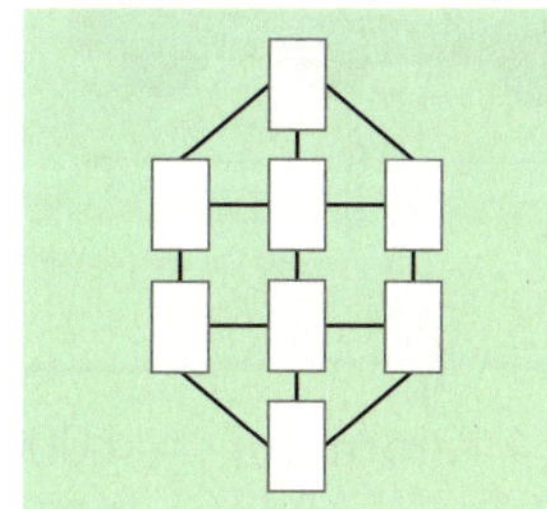

b) Findest du verschiedene Lösungen?

7 Gleichmäßig verteilen

Auf einem Tisch stehen 15 Gläser. 5 Gläser sind voll gefüllt, 5 sind halbvoll. Die restlichen Gläser sind leer.
Alle Gläser sollen so auf 3 Tabletts verteilt werden, dass auf jedem Tablett gleich viele Gläser stehen.
Außerdem soll die Flüssigkeitsmenge auf jedem Tablett gleich sein.
Geht das, ohne etwas umzufüllen?
Probiere. Eine Zeichnung kann dir helfen.

8 Über alle Brücken musst du gehen

Im Museumsdorf gibt es einen Bachlauf mit 5 Brücken.
Bei einem Rundgang sollst du jede Brücke genau einmal benutzen.
Wo muss eine weitere Brücke gebaut werden, damit das gelingt?
Fertige eine Skizze an.

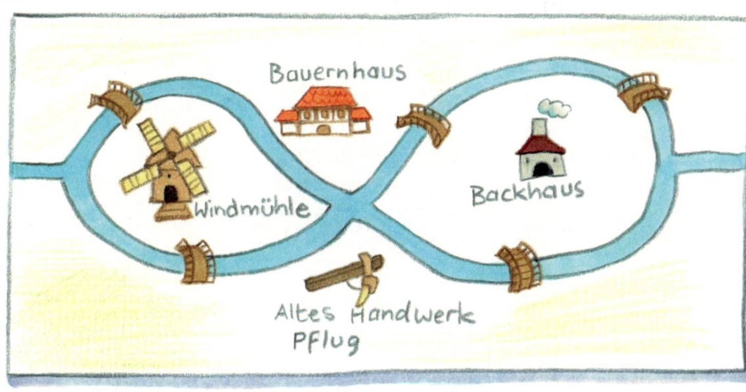

9 Tunnelbau

Ein Autotunnel von 480 m Länge wird von beiden Seiten gleichzeitig gebaut.
Auf der einen Seite schafft man 3 m an einem Tag.
Auf der anderen Seite sind es 5 m.
Was willst du wissen?
Wie findest du es heraus?

Längen

① Millimeter, Zentimeter, Meter oder Kilometer?

← 14 __ →

← 160 __ →

← 21 __ →

1 Kilometer = 1 000 Meter	1 Meter = 100 Zentimeter	1 Zentimeter = 10 Millimeter
1 km = 1 000 m	1 m = 100 cm	1 cm = 10 mm

② Jan hat mit dem Bandmaß eine Strecke von 10 m abgemessen. Er braucht für die Strecke 20 Schritte.

a) Wie weit kommt er mit einem Schritt?

b) Wie viele Schritte braucht er für 100 m (1 km)?

c) Das Bandmaß hat eine Länge von 50 m. Wie oft müsste man es aneinanderlegen, um einen Kilometer zu messen?

③ Welche Längenangaben sind gleich?

3 m 5 cm | $\frac{1}{2}$ km | 7 m | 500 m

350 cm | 7 cm | 70 mm

3 m 50 cm | 305 cm | 700 cm

④ Schreibe in cm, in m und cm sowie in m.

a) 215 cm **b)** 608 cm **c)** 310 cm

d) 75 cm **e)** 7 m 25 cm **f)** 6,80 m

S. 10, Nr. 4

a) 215 cm = 2 m 15 cm = 2,15 m

⑤ Länger, kürzer, gleich lang? Schätze und miss nach.

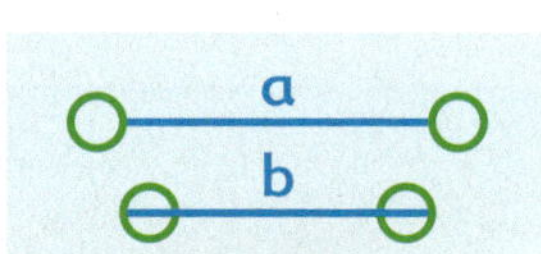

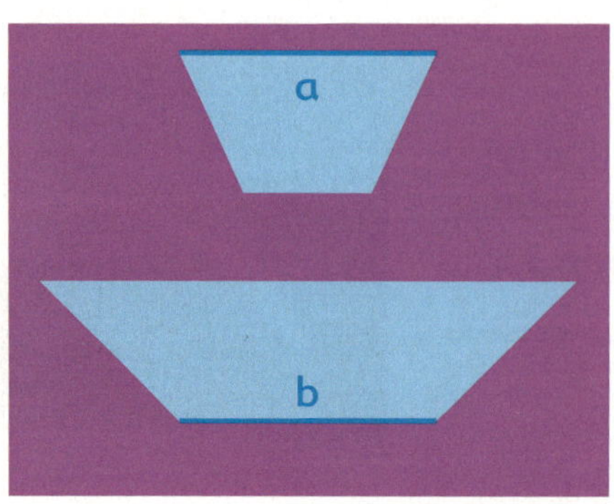

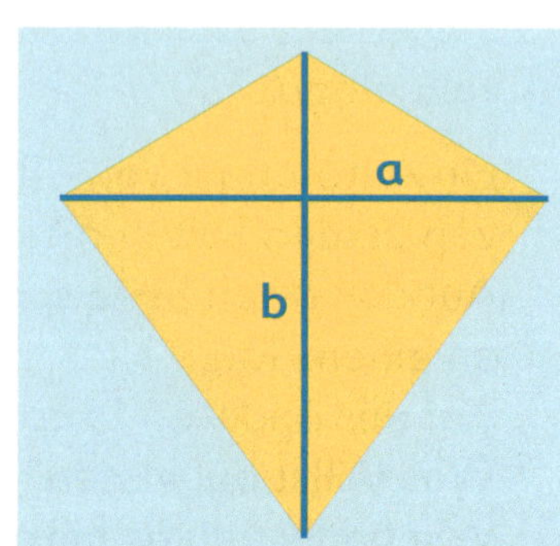

1 Passende Maßeinheiten einsetzen; 5 Optische Täuschungen

E▶6 AH▶7 A▶6

① Notiere immer beide Uhrzeiten.

a) b) c) d) e)

② Schreibe für jede Uhrzeit aus Aufgabe ① auf, wie viel Zeit bis zur nächsten vollen Stunde vergeht.

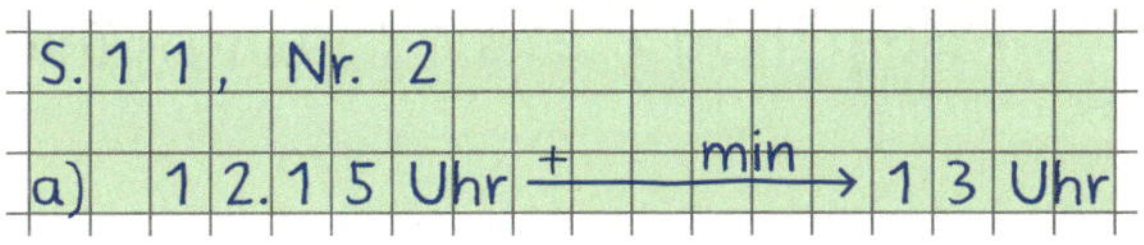

③ Wie viel Uhr ist es? Wie viel Zeit vergeht bis zur nächsten vollen Minute?

a) b) c) d) e)

④ Mit dem Zug von Köln nach Heidelberg

IC 2113

Bahnhof	Ankunft	Abfahrt
Köln		12:53
Bonn	13:12	13:14
Koblenz		
Mainz	14:36	
Mannheim	15:21	
Heidelberg	15:34	

a) Auf jedem dieser Bahnhöfe hält der Zug gleich lange. Wie viele Minuten sind es?

b) Der IC 2113 fährt in 32 Minuten von Bonn nach Koblenz. Wann kommt er in Koblenz an? Um wie viel Uhr fährt er dort wieder los?

c) Wie lange dauert die Fahrt von Köln nach Heidelberg?

⑤ Kindersendungen

a) Welche Sendungen dauern länger als eine Stunde?

b) Welche Sendungen sind kürzer als eine viertel Stunde?

c) Wie viele Minuten dauert die längste Sendung?

Lila – Kanal

14.15 FILM	9 Der geheimnisvolle Zauberspiegel Animation, F/Sp/Kan 2004
15.35	6 Wer hat Angst vor Leo Löwe? Zeichentrick, D/GB 2002
16.00	6 Pusteblume
16.25	8 International Geographic
16.50	8 Hexe Luna
17.55	4 Tüta, das Feuerwehrauto
18.40	6 Die Eisprinzessin Ballerina Trickserie
18.50	3 Gute-Nacht-Geschichten TRICKSERIE
19.00	6 Nickie und die starken Kerle Bei den Dinosauriern
19.25	8 News for Kids Nachrichen für Kinder

⑥ Wie viele Minuten sehen die Kinder fern?

a) Ali schaut *Pusteblume* und *Hexe Luna*.

b) Lea schaut *International Geographic* und *Nickie und die starken Kerle*.

c) Naomi schaut *Die Eisprinzessin* und *News for Kids*.

d) Du darfst am Tag eine Stunde fernsehen. Was suchst du dir aus?

2 Minuten bis zur nächsten vollen Stunde ergänzen;
3 Uhrzeit ablesen, Sekunden bis zur nächsten vollen Minute ergänzen

E▸6 AH▸7 A▸6

Gewicht und Volumen

1 Ordne die Gewichtsangaben richtig zu.

150 g | 5 g | $\frac{1}{4}$ kg | 30 kg | 5 kg | 700 kg | 1 kg

---

2

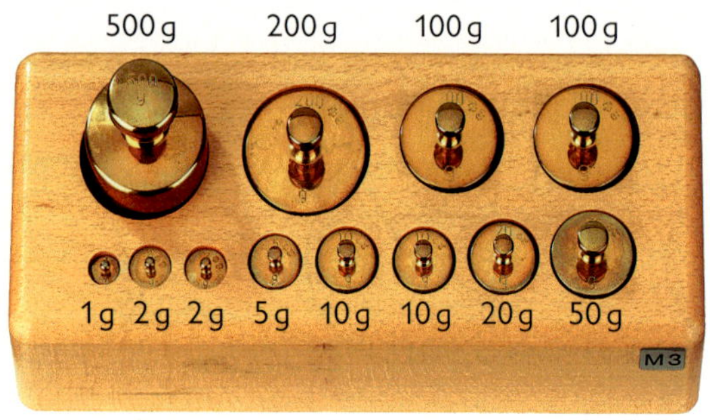

a) Welches Gewicht kannst du höchstens mit diesen Gewichtsstücken wiegen?

b) Mit welchen Gewichtsstücken kannst du diese Gewichte wiegen?
Benutze immer möglichst wenige Stücke.
233 g, 579 g, 710 g, 888 g, 196 g, 364 g

S. 12, Nr. 2
b) 233 g = 200 g + 20 g + 10 g + 3 g

c) Kannst du jedes Gewicht von 1 g bis 1 kg mit den Gewichtsstücken aus dem Wiegesatz erreichen? Überlege und begründe.

---

3 **a)** Wie viele wiegen 1 kg?
Klebestift (100 g), Apfel (200 g), Nagel (10 g), Zitrone (100 g), Blatt Papier (5 g), Gummibärchen (2 g)

b) Wie viele wiegen ungefähr 1 kg?
Tomate (190 g), Kiwi (90 g), Erdbeere (15 g), Möhre (150 g), Kirsche (8 g)

1 Kilogramm = 1000 Gramm
1 kg = 1000 g

S. 12, Nr. 3
a) 10 Klebestifte

---

4 Ergänze zu 1 kg.

a) 270 g, 350 g, 980 g, 205 g, $\frac{1}{2}$ kg, 80 g, 23 g, 6 g

b) 150 g, 550 g, 705 g, $\frac{1}{4}$ kg, 20 g, 910 g, 14 g, 2 g

S. 12, Nr. 4
a) 270 g + 730 g = 1 kg

---

5 Aus einem undichten Wasserhahn tropfen in einer Minute ungefähr 8 ml Wasser.

a) Nach welcher Zeit ist ungefähr 1 Liter getropft?

b) Wie viel Wasser tropft an einem Tag?

c) Wie viel ist es ungefähr in einem Monat?

1 Liter = 1000 Milliliter
1 l = 1000 ml

S. 12, Nr. 5

a) Zeit (min)		10	...
Menge (ml)	8	80	...

3 Berechnen, wie viele Gegenstände einer Sorte 1 kg wiegen, bei **b)** nur ungefähre Lösung möglich

① Übertrage die Figuren in dein Heft. Zeichne alle Symmetrieachsen rot ein.

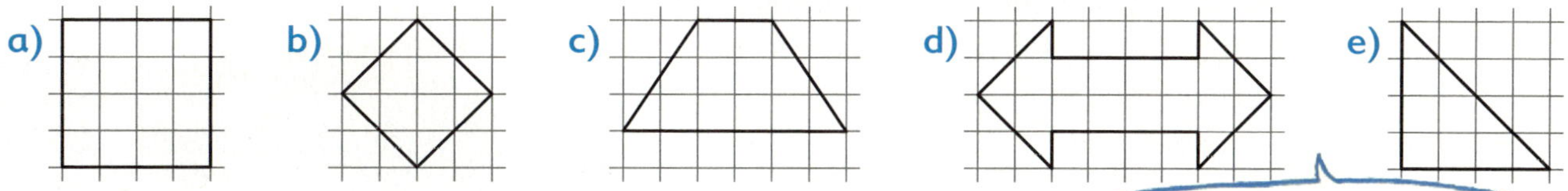

Prüfe mit einem Spiegel.

② Zeichne ab und ergänze symmetrisch.

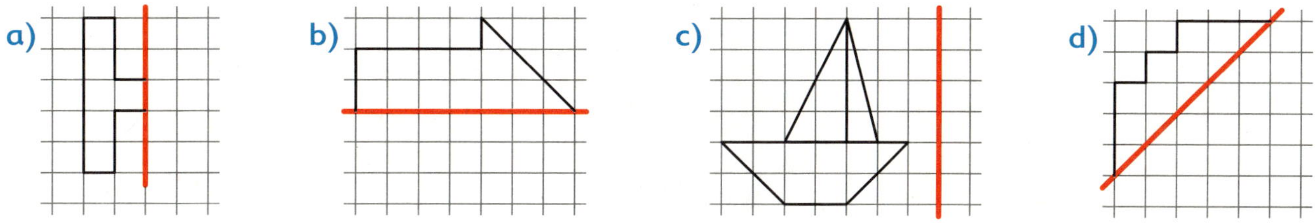

③ **a)** Wie heißen die Körper?

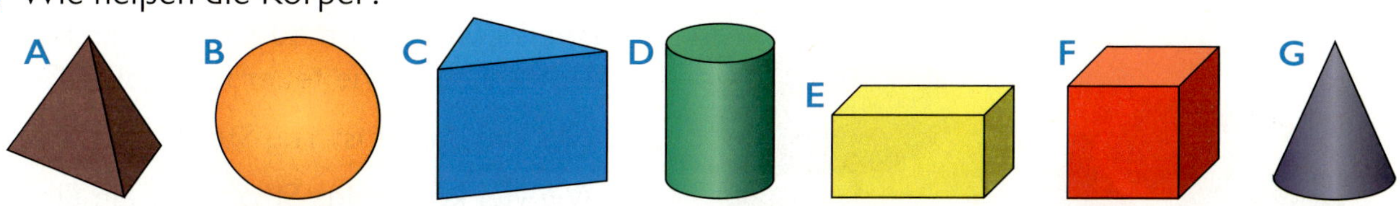

Kegel | Würfel | Quader | Zylinder | Prisma | Pyramide | Kugel

b) Welcher Körper ist es?

Mein Körper hat nur quadratische Flächen. Paula

Welcher Körper hat nur zwei Kanten? Tim

Mein Körper hat eine kreisförmige Fläche. Vedat

Mein Körper hat vier dreieckige und eine quadratische Fläche. Eva

c) Schreibe eigene Rätsel zu den Körpern.

④ Körpernetze

a) Welche Körper kannst du aus diesen Netzen bauen?

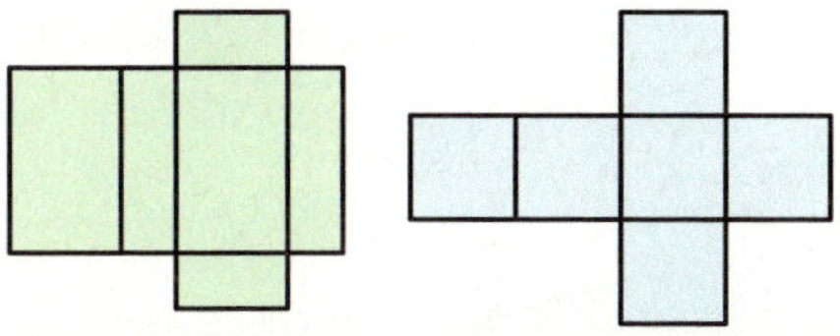

b) Zeichne die Würfelnetze in dein Heft.
Falte in Gedanken Würfel aus ihnen.
Die rote Fläche soll immer unten (u) liegen.
Welche Fläche liegt dann oben (o), links (l), rechts (r), hinten (h), vorne (v)? Trage ein.

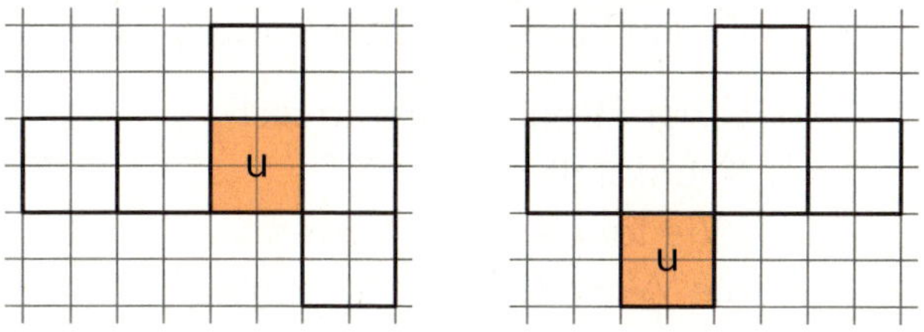

3 Den Körpern die passenden Bezeichnungen zuordnen; **4 b)** Evtl. zur Kontrolle ausschneiden und falten

E▸7 AH▸8 A▸7

Sachrechnen – Rund um den Zirkus

(1) Von April bis Anfang November gibt der Circus Krone in über 30 Orten Deutschlands Vorstellungen. Auf den Reisen werden 60 Pferde, 8 Elefanten, 2 Löwinnen, 10 Löwen und viele andere Tiere transportiert.

Der Futtermeister hat ausgerechnet, dass ein Elefant am Tag Futter für ungefähr 52 € benötigt.

a) Wie viel kostet das Futter für alle Elefanten an einem Tag?

b) Wie hoch sind die Futterkosten für einen Elefanten in der Woche?

(2) Jeder Elefant braucht täglich 100 kg Stroh. Bei einer Lieferung werden 40 Strohballen gebracht. Ein Ballen wiegt ungefähr 80 kg.

a) Eine Lieferung von 40 Strohballen kostet den Zirkus 320 €. Wie teuer ist 1 Ballen Stroh?

b) Wie viel kostet ist 1 kg Stroh?

c) Wie viel kostet das Stroh, das ein Elefant an einem Tag verbraucht?

(d) Nach wie vielen Tagen brauchen die Elefanten eine neue Lieferung?

(3) Täglich müssen die Elefanten gewaschen werden. Daran haben sie viel Freude. Vier Pfleger benötigen täglich 15 Minuten für die Wäsche eines Elefanten.

a) Welche Zeit brauchen vier Pfleger täglich für alle Elefanten? Gib in Stunden und Minuten an.

b) Zwei Pfleger fallen durch Krankheit aus.
Wie lange dauert dann die Wäsche eines Elefanten?

(4) Von den 60 Pferden fressen 52 täglich 9 kg Heu. Die restlichen Pferde sind größer und verbrauchen zusammen täglich 112 kg Heu.

a) Berechne die tägliche Heumenge für alle Pferde.

b) Wie viel Heu frisst ein großes Pferd täglich?

(c) 100 kg Heu kosten 12 €. Wie teuer ist die Heuversorgung für alle Pferde an einem Tag?

(5) Vor den Wagen der Raubtiere werden Außengehege aufgebaut. Dafür benötigt man 63 m Zaun (------).

Wie lang ist ein Gehege? Die Skizze hilft dir.

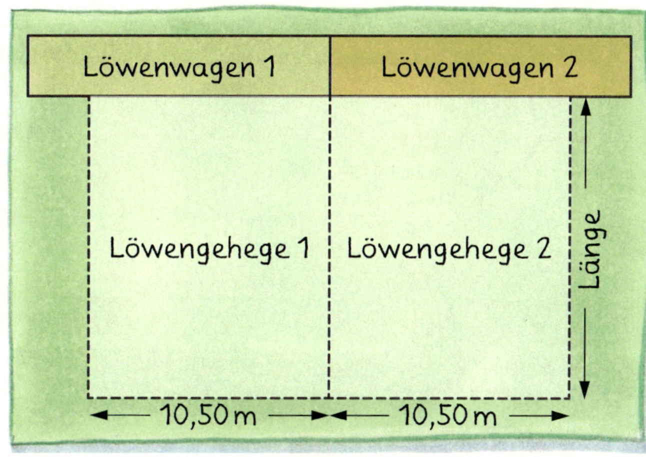

(6) Eine Vorstellung dauert 165 Minuten.

Wie lange haben Tiere und Artisten Pause zwischen den Vorstellungen?

Vorstellungszeiten:

Werktags: 15.30 und 20.00 Uhr

Sonn- und Feiertage: 14.00 und 18.00 Uhr

(7) Für alle Darbietungen werden die Zeiten genau festgehalten. Dies sind die letzten Nummern vor der Pause. Wie lange dauern sie zusammen?

Chicky's	Clowns	7 min 20 s
Ballett	Elefanten Surreal	1 min 25 s
Jana Mandana	Elefantendressur	7 min 10 s
Jimmy Falco	Clown	2 min 35 s
Ballett	Fiesta in Sevilla	2 min 20 s
Trio Castilla	Hochseilartistik	7 min 30 s
Ballett	Irish Dance	2 min 20 s
Christel Sembach-Krone	Pferde-Freiheitsdressur	12 min 25 s

Sachrechnen – Große Entfernungen

①

Berechne weitere Entfernungen.

②

	Istanbul	Rom	Moskau	Stockholm	Paris
Berlin	2 200 km	1 550 km	1 850 km	950 km	1 050 km
Hamburg	2 600 km	1 750 km	2 200 km	950 km	950 km
Köln	2 450 km	1 500 km	2 250 km	1 300 km	500 km
München	1 900 km	1 350 km	2 300 km	1 600 km	850 km

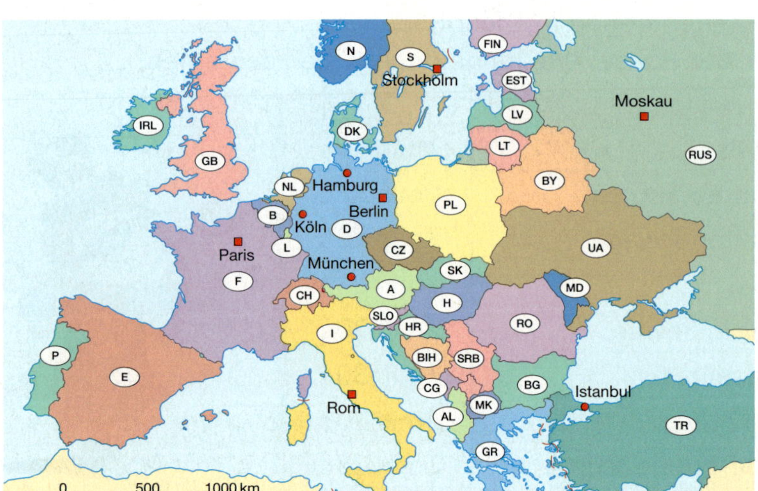

1, 2 Große Zahlen kennen lernen, lesen, vergleichen, von eigenen Erfahrungen mit großen Entfernungen berichten;
1 Auch eigene Strecken berechnen; **2** Arbeit mit der Entfernungstabelle, Entfernungen vergleichen

E▸9 AH▸10 A▸9

3

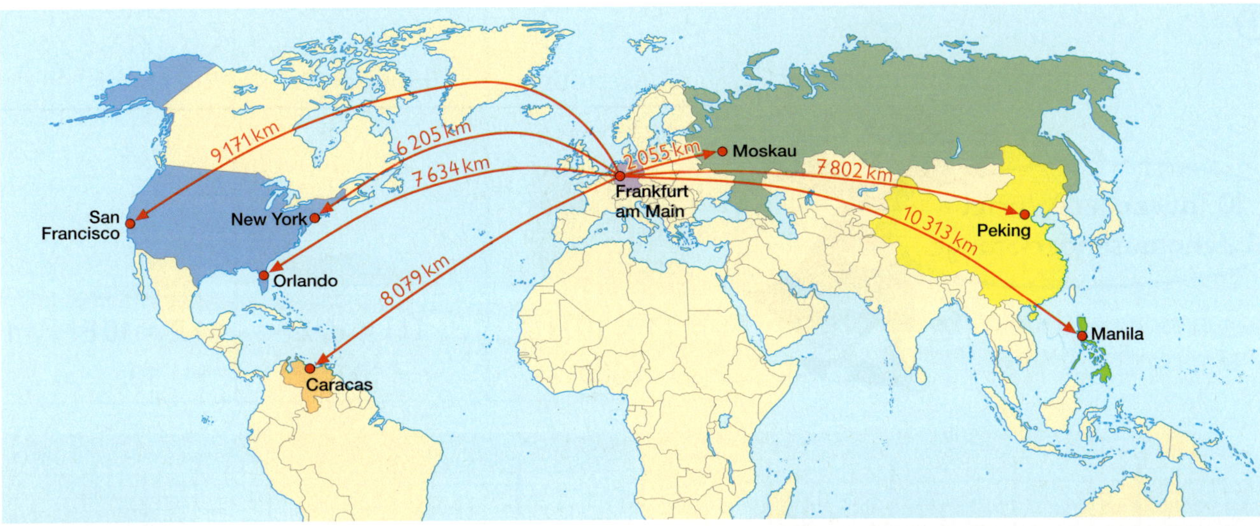

a) Wie viele Flugkilometer sind es von Frankfurt nach Orlando (Florida, USA)?

b) Von Frankfurt nach New York sind es 6 205 km. Wie viele Kilometer mehr sind es ungefähr nach San Francisco?

c) Finde weitere Fragen und Antworten.

4

Ich bin Pilotin. In einer Woche fliege ich rund 12 500 km. In einem Monat sind es etwa 50 000 km und pro Jahr lege ich ungefähr 600 000 km zurück.

Als LKW-Fahrer fahre ich pro Woche ungefähr 2 500 km. In einem Monat sind es etwa 10 000 km und pro Jahr kommen 120 000 km zusammen.

Wie viele Erdumrundungen sind das ungefähr?

a) Zeichne eine Tabelle und trage die Zahlen ein.

b) Vergleiche die Kilometer-Angaben pro Woche, pro Monat und pro Jahr.

S. 17, Nr. 4

a)	Pilotin	LKW-Fahrer
pro Woche		
pro Monat		
pro Jahr		

3 Entfernung der Karte entnehmen, mit angezeigter verbleibender Flugstrecke vergleichen; weitere Entfernungen ablesen, ggf. Unterschiede berechnen; **4** Angaben vergleichen, durch die Vergleichsgröße Erdumrundung Vorstellung großer Entfernungen gewinnen

E▶9 AH▶10 A▶9

Zahlen bis 10 000

①

ZT Zehntausender	T Tausender	H Hunderter	Z Zehner	E Einer
	1 T = 10 H	1 H = 10 Z	1 Z = 10 E	1 E
	1 000	100	10	1

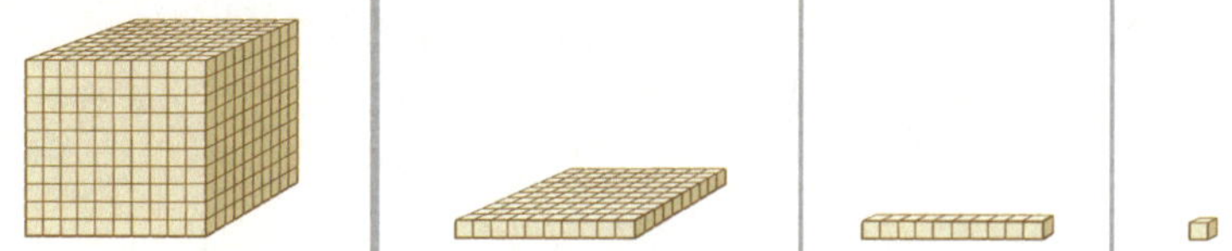

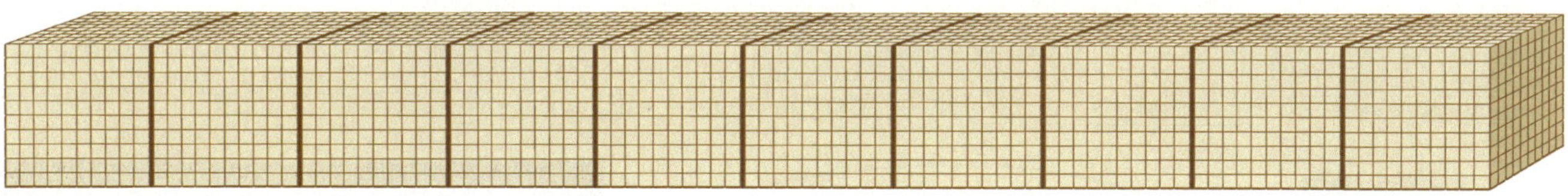

1 ZT = 10 T
10 000

Trage in eine Stellentafel ein.
Wie viele kleine Würfel sind es?

a) 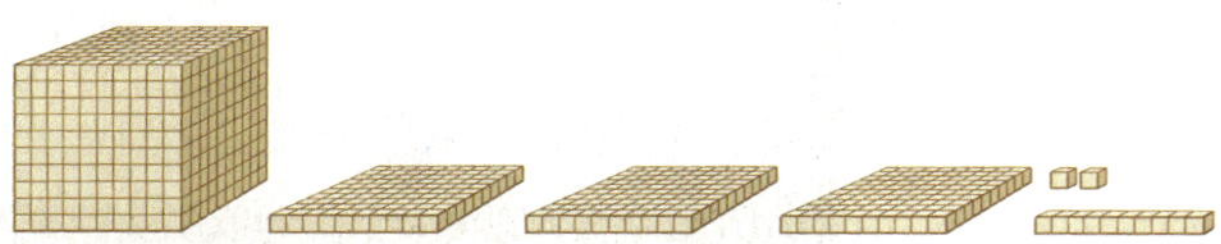

b) 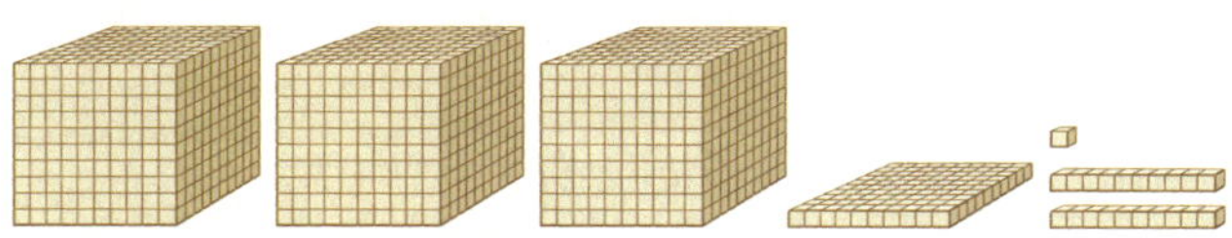

c) 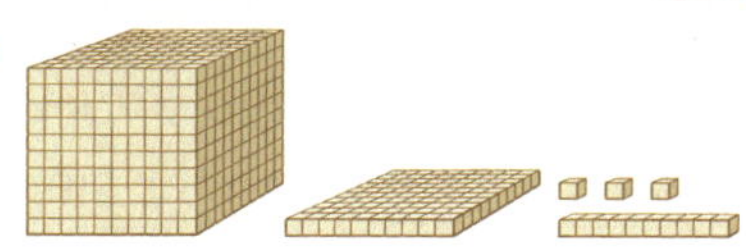

d) 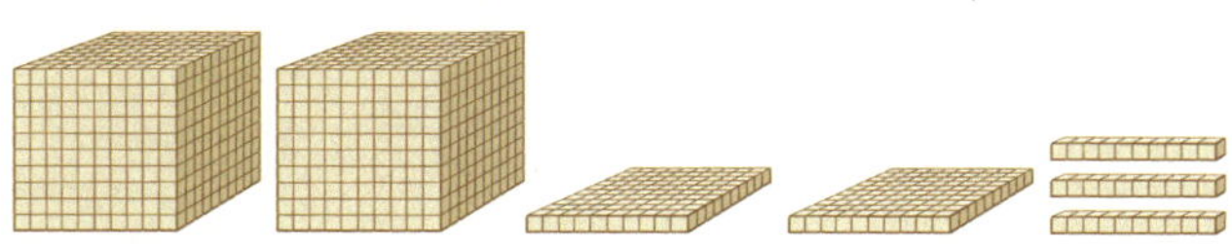

e) 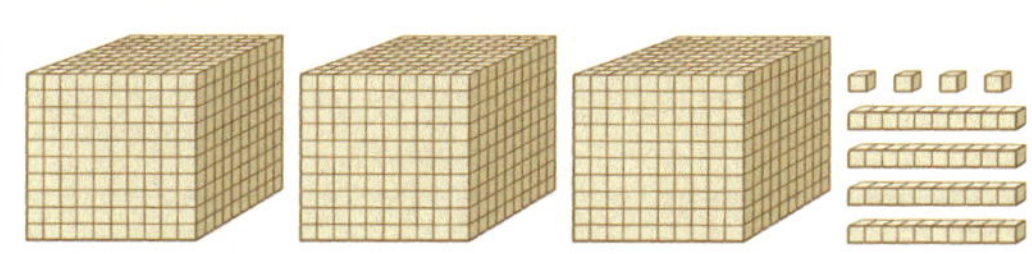

② Lies die Zahlen.

a)

T	H	Z	E
3	7	4	1
4	5	9	3
9	1	2	7

b)

T	H	Z	E
5	0	1	8
8	5	1	0
1	8	0	5

③ Wie heißen die Zahlen?

a) 4T 3H 1Z 7E b) 5T 4H 3Z 2E c) 2T 2H 1Z 9E d) 3T 0H 3Z 0E

e) 1E 4H 8T 2Z f) 7Z 5E 1T g) 9H 8Z 7T h) 9T 0H 1E

Erweiterung des Zahlenraumes bis 10 000;
1–3 Zahlen in der Stellentafel darstellen, die Zahlen mit Hilfe der Stellentafel lesen

E▸10 AH▸11 A▸10

(4) Lege mit Zahlenkarten. Wie heißen die Zahlen? Schreibe sie in dein Heft.

a) 4000 + 600 + 70 + 4 = ___
5000 + 800 + 20 + 5 = ___
8000 + 900 + 60 + 8 = ___
6000 + 500 + 30 + 1 = ___

b) 7000 + 200 + 70 + 40 = ___
2000 + 100 + 10 + 1 = ___
3000 + 800 + 60 + 2 = ___
9000 + 800 + 70 + 6 = ___

(5) Lege mit Zahlenkarten und lies die Zahlen. Notiere die Zerlegung.

5 3 4 1 — fünftausenddreihunderteinundvierzig

S. 19, Nr. 5
a) 5341 = 5000 + 300 + 40 + 1

a)	b)	c)
5341	7003	9919
3728	2112	1991
8975	6606	8010
4034	8180	5985

(6) Lies die Zahlwörter. Schreibe die Zahlen in dein Heft.
Du kannst auch zuerst legen.

S. 19, Nr. 6
a) 9324

9 3 2 4

a) neuntausenddreihundertvierundzwanzig
b) siebentausendachthundertachtundfünfzig
c) neuntausendvierhundertvier
d) fünftausenddreihundertvierundzwanzig
e) sechstausenddreihundertfünfunddreißig
f) zweitausendzweiundzwanzig

(7) Zahlendiktat in Partnerarbeit

a) 4592, 2127, 9281, 7543, 9019, 3408, 6270, 1023, 9876, 5003
b) 2643, 4184, 7562, 9351, 5024, 1970, 3806, 8059, 1234, 6009
c) Übt zusammen mit dem Zahlenschieber.

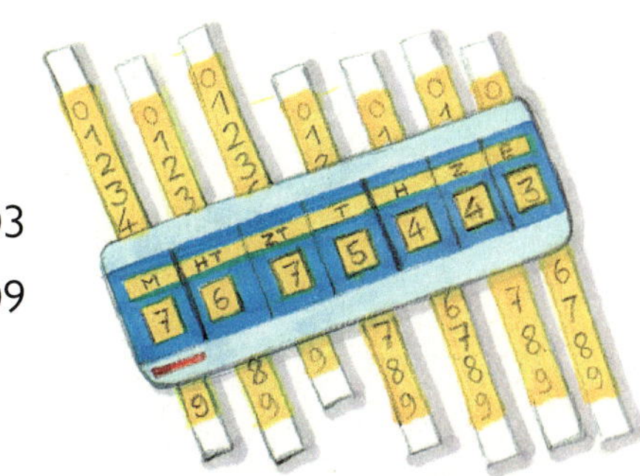

(8) Zahlenrätsel. Finde immer 5 passende Zahlen.

Bei meinen Zahlen sind Tausenderstelle und Hunderterstelle gleich. Mio

Meine Zahlen liegen zwischen 5000 und 6000. An der Hunderterstelle und an der Einerstelle steht eine 9. Maria

Meine Zahlen sind größer als 8000. Sie haben drei gleiche Ziffern. Max

Meine Zahlen liegen zwischen 3000 und 4000. Die Hunderterstelle ist um 1 größer als die Zehnerstelle. Naomi

Bei meinen Zahlen ist die Tausenderstelle doppelt so groß wie die Hunderterstelle. Die Zehnerstelle ist halb so groß wie die Hunderterstelle. Lena

Erfinde ein eigenes Zahlenrätsel.

4, 5 Zahlen mit Zahlenkarten legen, Zerlegung notieren bzw. Zerlegung zur Zahl zusammensetzen;
7 Ein Partnerkind diktiert die Zahlen; **8** Mögl. Differenzierung: Wie viele passende Zahlen gibt es zu den einzelnen Rätseln?

E▸10 AH▸11 A▸10

Orientierung im Zahlenraum bis 10 000

(1) Welche Zahlen gehören zu den Buchstaben?

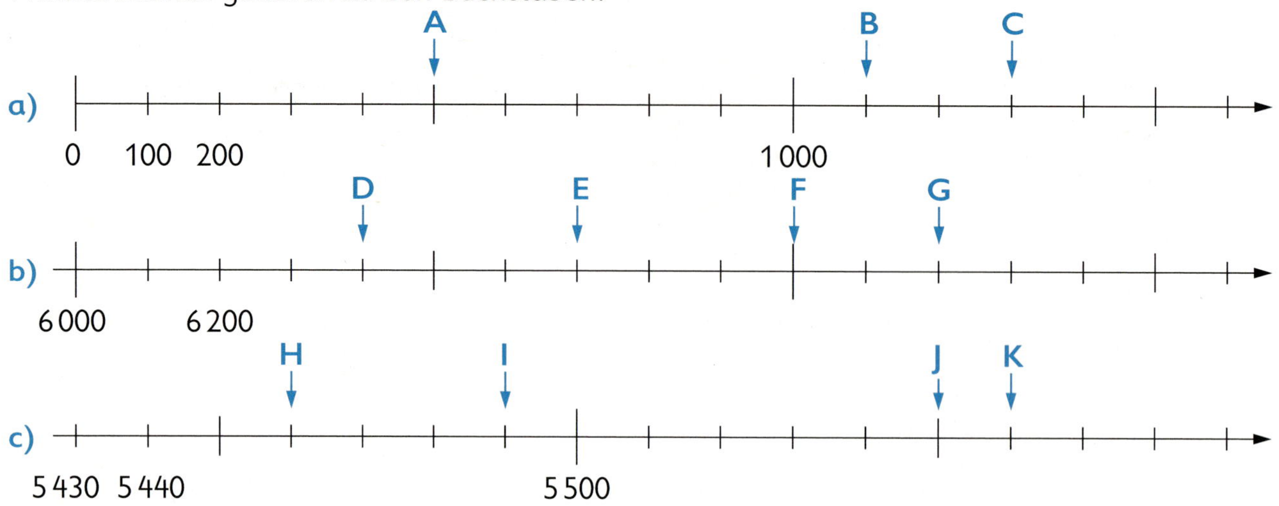

(2) Finde die Nachbarzahlen.

8 823 | 5 478 | 4 921 | 7 035 | 6 268 | 2 501

a) Vorgänger (V) Nachfolger (N)

V	Zahl	N
8 822	8 823	8 824
____	5 478	____
	⋮	

b) Nachbarzehner (NZ)

NZ	Zahl	NZ
8 820	8 823	8 830
____	5 478	____
	⋮	

c) Nachbarhunderter (NH)

NH	Zahl	NH
8 800	8 823	8 900
____	5 478	____
	⋮	

d) Nachbartausender (NT)

NT	Zahl	NT
8 000	8 823	9 000
____	5 478	____
	⋮	

(3) Welche Zahl liegt in der Mitte?

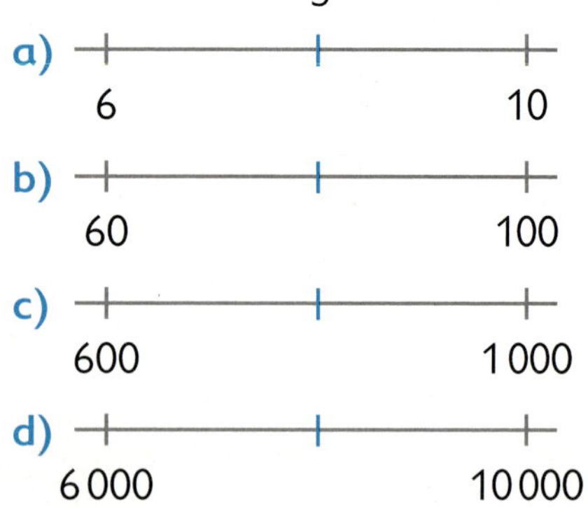

Was fällt dir auf? Beschreibe.

(4) Finde auch hier die Zahl in der Mitte.

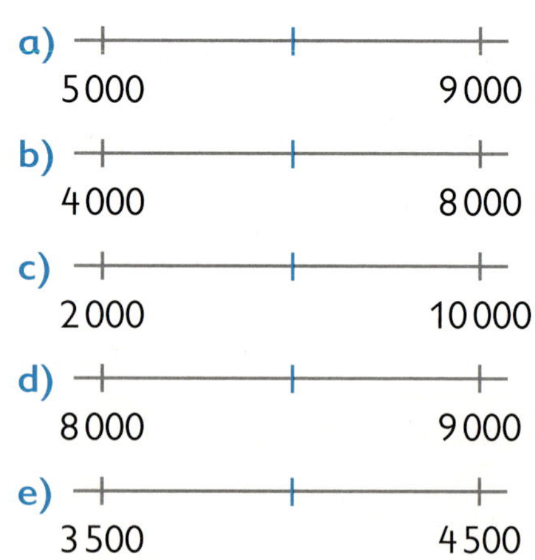

(5) Welche Zahl ist hier ungefähr gemeint? Wie kommst du zu deiner Lösung?

näher an 9 000

näher an 10 000

rechts von der Mitte

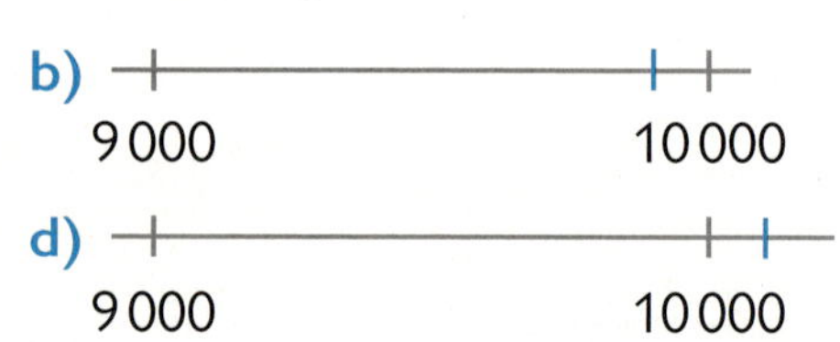

3 Analogie zu kleineren Zahlenräumen feststellen; **4** Analogien nutzen; **5** Lösung mit Hilfe der Wortkärtchen begründen

E▸11 AH▸12 A▸11

6 < oder > ?

a)	3 800 ◯ 3 080		b)	2 515 ◯ 2 551	
	3 830 ◯ 3 380			5 215 ◯ 5 125	
	8 833 ◯ 8 383			5 205 ◯ 5 502	
	3 018 ◯ 3 810			2 115 ◯ 2 151	

7 Ordne die Zahlen der Größe nach. Beginne mit der kleinsten Zahl.

5 666 | 5 470 | 5 500 | 5 490 | 5 616 | 5 555 | 5 600

8 Zähle …

a) … in Einerschritten
von 5 314 bis 5 330
von 3 232 bis 3 245

b) … in Zehnerschritten
von 8 120 bis 8 330
von 3 422 bis 3 572

c) … in Hunderterschritten
von 6 800 bis 7 400
von 4 237 bis 5 237

d) … in Tausenderschritten
von 2 800 bis 7 800
von 925 bis 9 925

e) … in Fünfzigerschritten
von 1 700 bis 2 200
von 5 810 bis 6 310

9 Setze die Zahlenfolgen fort. Wie heißt die Regel?

a) 2 800, 3 000, 3 200, … 4 200 Regel: immer + 200
b) 5 470, 5 500, 5 530, … 5 680 Regel: ___
c) 6 000, 5 500, 5 000, … 2 500 Regel: ___
d) 4 680, 4 640, 4 600, … 4 400 Regel: ___
e) 3 700, 3 900, 3 800, 4 000, 3 900, … 4 300 Regel: ___
f) 9 850, 9 750, 9 800, 9 700, 9 750, … 9 550 Regel: ___

10 Ergänze zum nächsten Tausender.

S. 21, Nr. 10
a) 3400 + 600 = 4000

a)	b)	c)	d)
3 400	9 300	4 650	6 280
5 200	400	9 960	8 490
4 600	2 100	1 110	7 010

11 

a)

10 000	
3 000	
4 000	
8 000	

b)

10 000	
3 200	
4 700	
8 100	

c)

10 000	
9 999	
9 900	
9 990	

d)

10 000	

12

d) Baue eine Zahlenmauer. Deckstein 10 000.

6 Vorgehen beim Vergleichen von Zahlen besprechen; **9** Differenzierung: Zahlenfolgen mit eigenen Regeln notieren; **11** Zerlegungen der 10 000; **12** Zahlenmauern vervollständigen

E ▸ 11 AH ▸ 12 A ▸ 11

Zahlen bis 100 000

①

HT Hundert-tausender	ZT Zehn-tausender	T Tausender	H Hunderter	Z Zehner	E Einer
1	0	0	0	0	0

einhunderttausend

10 Zehntausender-Stangen = 1 Hunderttausender-Platte

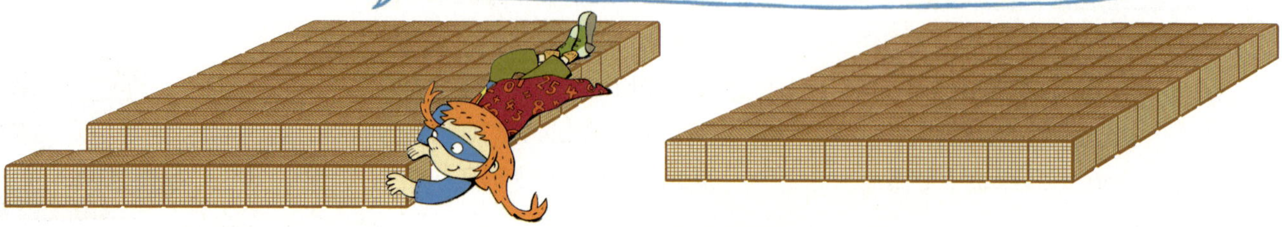

Trage in eine Stellentafel ein.
Wie viele kleine Würfel sind es?

S. 22, Nr. 1

	ZT	T	H	Z	E
a)	3	0	0	0	0

dreißigtausend

a) 3 Zehntausender-Stangen

b) 5 Zehntausender-Stangen

c) 8 Zehntausender-Stangen

d) 4 Zehntausender-Stangen, 3 Tausender-Würfel, 5 Hunderter-Platten

e) 6 Zehntausender-Stangen, 5 Hunderter-Platten, 2 Zehner-Stangen

② Lies die Zahlen.

Erst die Tausender sprechen.

fünfundvierzigtausend-dreihunderteinundzwanzig

a)

ZT	T	H	Z	E
4	5	3	2	1
5	4	2	1	6
6	7	7	0	7
7	1	0	0	4
1	2	3	0	6

b)

ZT	T	H	Z	E
3	0	1	9	2
9	9	9	9	9
8	2	5	4	0
4	3	0	1	2
1	1	7	8	0

③ Wie heißen die Zahlen?

a) 3ZT 4T 2H 7Z 3E

b) 1ZT 5T 3H 8Z 7E

c) 7ZT 0T 4H 2Z 9E

d) 2E 7T 1ZT 4H

e) 7ZT 3T 4E 2Z

f) 4Z 5E 5ZT 8H

④ Trage die Ziffern in eine Stellentafel ein: 8 5 4 9 1

S. 22, Nr. 4

	ZT	T	H	Z	E
a)	...				

a) Bilde die kleinstmögliche fünfstellige Zahl.

b) Bilde die größtmögliche fünfstellige Zahl.

c) Notiere alle Zahlen, die größer sind als 98 000.

d) Notiere alle Zahlen, die kleiner sind als 41 000.

Erweiterung des Zahlenraumes bis 100 000; **1, 2** Zahlen in der Stellentafel darstellen, die Zahlen mit Hilfe der Stellentafel lesen; **4** Zahlen mit Ziffernkärtchen nach Anweisung bilden; Einsichten in das Stellenwertsystem vertiefen

⑤ Lege mit Zahlenkarten. Wie heißen die Zahlen? Schreibe sie in dein Heft.

a) 30 000 + 5 000 + 800 + 70 + 4 = ___
50 000 + 2 000 + 400 + 60 + 4 = ___
70 000 + 3 000 + 200 + 40 + 7 = ___
80 000 + 1 000 + 500 + 10 + 5 = ___

fünfunddreißigtausendachthundertvierundsiebzig

(b) 20 000 + 8 000 + 600 + 20 = ___
60 000 + 700 + 90 + 2 = ___
90 000 + 1 000 + 40 + 6 = ___
30 000 + 4 000 + 500 + 60 = ___

⑥ Lege und lies die Zahlen. Notiere die Zerlegung.

4 3 5 1 9

S. 23, Nr. 6
a) 43519 = 40000 + 3000 + ...

a)	b)	c)
43 519	70 368	98 765
94 315	73 608	87 659
54 391	76 380	76 598
49 135	78 603	65 987

⑦ Lies die Zahlwörter. Schreibe die Zahlen in dein Heft.
Du kannst auch zuerst legen.

S. 23, Nr. 7
a) 43524

4 3 5 2 4

a) dreiundvierzigtausend fünfhundertvierundzwanzig
b) siebzigtausend dreihunderteinundsechzig
c) achtundneunzigtausend siebenhundertfünfzehn
d) fünfundzwanzigtausend zweihundertzehn
e) sechsunddreißigtausend vier

⑧ Zahlendiktat in Partnerarbeit

a) 49 154, 54 005, 83 083, 38 383, 40 545, 62 019, 95 604, 12 900, 19 200, 20 003
b) 32 149, 23 009, 32 392, 29 309, 92 320, 89 631, 67 024, 76 024, 55 901, 11 800
c) Übt mit dem Zahlenschieber.

⑨ Erst anschauen, dann rechnen.

a) 200 + 250
840 + 130
320 + 450
460 + 540

b) 2 000 + 2 500
8 400 + 1 300
3 200 + 4 500
4 600 + 5 400

c) 20 000 + 25 000
84 000 + 13 000
32 000 + 45 000
46 000 + 54 000

⑩ Zahlenrätsel

Meine Zahl ist fünfstellig. Im Einer steht eine 4. An den anderen Stellen ist die Ziffer jeweils um 1 größer. Eva

Meine Zahl liegt zwischen 54 000 und 59 000. Alle Ziffern sind gleich. Ali

Meine Zahl hat an der Zehner- und an der Tausender-Stelle eine 3. Die Ziffern von Einer und Hunderter sind doppelt so groß wie der Zehner. Der Zehntausender ist um 1 kleiner als der Einer. Nele

5, 6 Zahlen mit Zahlenkarten legen, Zerlegung notieren bzw. Zerlegung zur Zahl zusammensetzen;
8 Ein Partnerkind diktiert die Zahlen; **9** Analogien nutzen
E▸12 AH▸13 A▸12

(1) Welche Zahlen gehören zu den Buchstaben?

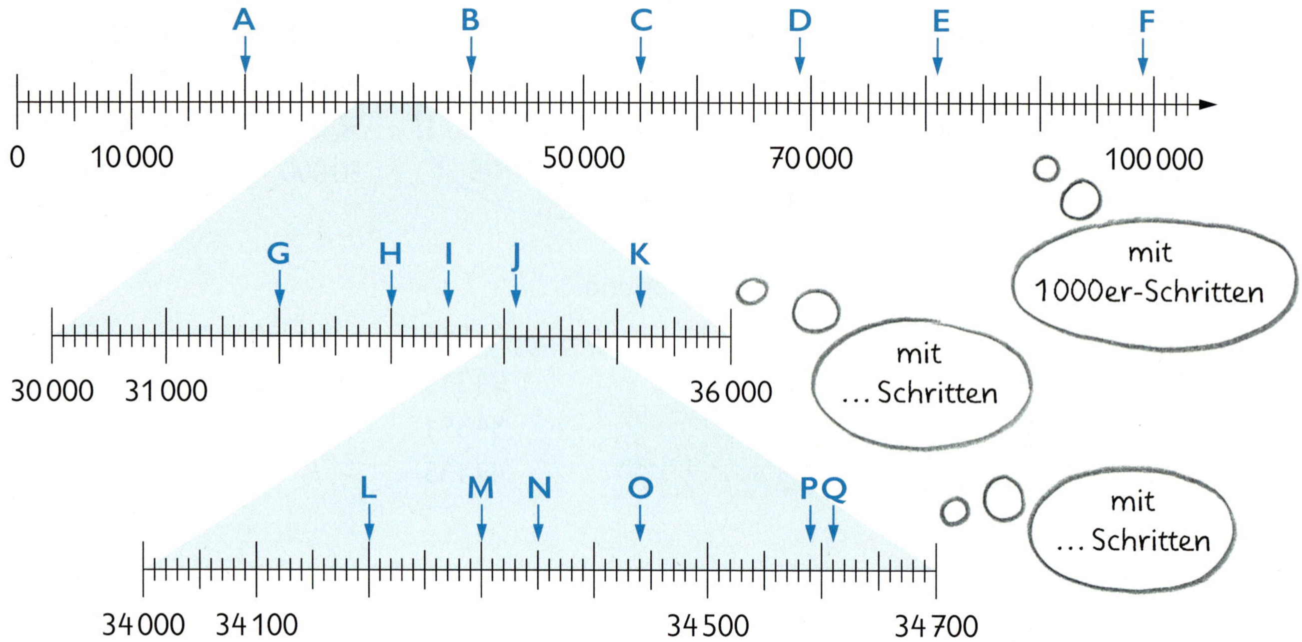

(2) Nachbarzahlen. Notiere in Tabellen.

a) Vorgänger (V) und Nachfolger (N)

36 533 | 71 328 | 64 671 | 99 999 | 49 001 | 53 485

S. 24, Nr. 2

a)	V	Zahl	N
	36 532	36 533	36 534
		71 328	

b) Nachbarhunderter (NH)

34 533 | 34 250 | 34 520 | 34 610 | 34 172 | 34 394

c) Nachbartausender (NT)

30 500 | 31 400 | 33 600 | 35 690 | 32 195 | 30 086

d) Nachbarzehntausender (NZT)

2 800 | 51 000 | 7 300 | 77 900 | 80 980 | 95 300

(3) < oder >?

a)			b)		
12 830	◯	18 320	36 515	◯	36 315
10 470	◯	10 740	42 010	◯	48 010
25 110	◯	25 210	94 313	◯	94 331

(4) Ordne der Größe nach.

a) Beginne mit der größten Zahl.

72 581 | 66 501 | 86 413 | 66 372 | 71 920 | 66 356 | 54 163

b) Beginne mit der kleinsten Zahl.

49 283 | 19 423 | 21 518 | 48 516 | 24 301 | 48 612 | 50 334

1 Zahlenstrahlen untersuchen: Welche Schrittgrößen sind dargestellt? Wie hängen die drei Strahlen zusammen?
2 Zahlenstrahlen aus **1** als Hilfe nutzen; **3, 4** Zahlen vergleichen und ordnen, Vorgehen besprechen

E▶13 AH▶14 A▶13

(5) Schreibe immer die nächsten fünf Zahlen auf. Zähle …

S.	2	5,	Nr.	5
a)	20000,	30000,	…	

a) … in Zehntausenderschritten ab 20 000.

b) … in Tausenderschritten ab 47 000.

c) … in Hunderterschritten ab 34 600.

d) … in Zehnerschritten ab 89 760.

e) … in Fünfhunderterschritten ab 24 000.

f) … in Fünfzigerschritten ab 58 350.

g) … in Fünferschritten ab 61 990.

(6) Setze die Zahlenfolgen fort. Wie heißt die Regel?

a) 38 000, 40 000, 42 000, … 52 000 Regel: immer + 2 000

b) 16 800, 17 200, 17 600, … 20 000 Regel: ___

c) 52 000, 49 000, 46 000, … 28 000 Regel: ___

d) 71 800, 71 600, 71 400, … 70 200 Regel: ___

(e) 64 500, 63 500, 63 000, 62 000, 61 500, … 57 500 Regel: ___

(7) Welche Zahl liegt in der Mitte?

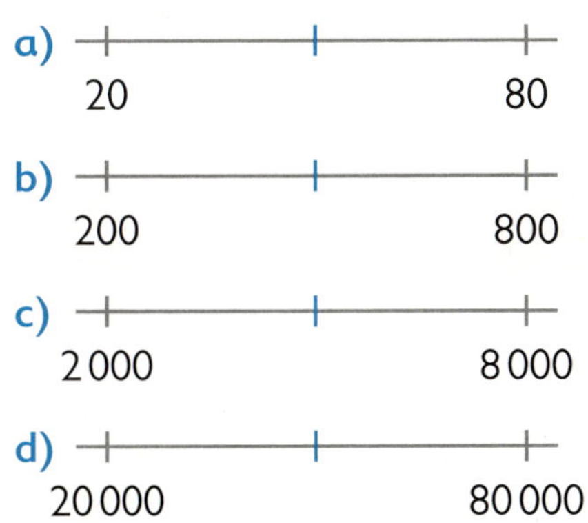

(8) Welche Zahl ist ungefähr gemeint?

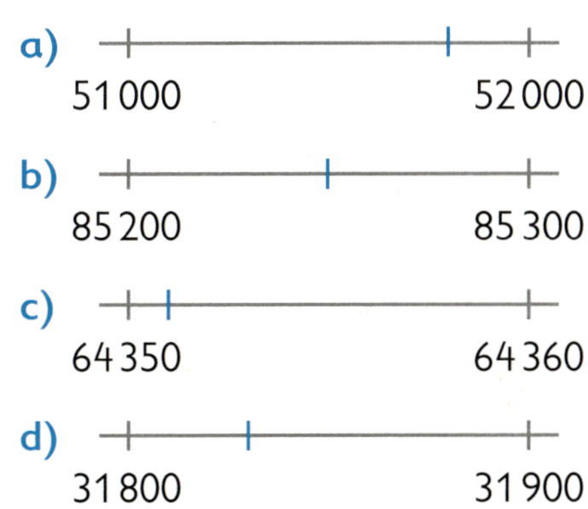

(9) Ergänze zu 100 000.

a) 60 000 + ___ = 100 000
30 000 + ___ = 100 000
75 000 + ___ = 100 000
27 000 + ___ = 100 000

b) 99 100 + ___ = 100 000
80 200 + ___ = 100 000
70 900 + ___ = 100 000
55 400 + ___ = 100 000

c) 95 900 + ___ = 100 000
81 200 + ___ = 100 000
78 500 + ___ = 100 000
25 500 + ___ = 100 000

(10) Wie viele Lösungen findest du?

7 Analogien erkennen; 8 Abstände einschätzen, Lösungen begründen;
10 Zahlenmauern mit gegebenen Bedingungen ausfüllen

E▸13 AH▸14 A▸13

Übungen im Zahlenraum bis 100 000

①

ZT	T	H	Z	E
••••	•••	•	••	•••••

Ich habe diese Zahl gelegt. Wie heißt sie?

a) Max nimmt ein Plättchen weg. Welche Zahlen können entstehen?

b) Welche Zahlen können entstehen, wenn Max ein Plättchen dazulegt?

② Super-Päckchen! Rechne. Wie geht es weiter?

a) 20 + 70
200 + 700
___ + ___
___ + ___

b) 90 − 50
900 − ___
___ − ___
___ − ___

c) 30 000 + 40 000
3 000 + 4 000
300 + ___
___ + ___

d) 80 000 − 30 000
8 000 − 3 000
___ − ___
___ − ___

③ Super-Päckchen!

a) 50 + 37
500 + 370
5 000 + ___
___ + ___

b) 45 + 26
450 + 260
___ + ___
___ + ___

c) 90 − 35
900 − 350
9 000 − ___
___ − ___

d) 62 − 24
620 − 240
___ − ___
___ − ___

④ a)

20 000	
10 000	
13 000	
4 000	

b)

50 000	
20 000	
31 000	
	35 000

c)

70 000	
60 000	
18 000	
	24 000

d)

80 000	
	50 000
68 000	
	47 000

⑤ Zahlen würfeln – Spiel für 2 Kinder

Jeder zeichnet sich eine Stellentafel.
Würfelt abwechselnd fünfmal. Nach jedem Wurf wird eine Ziffer in die Stellentafel eingetragen.

a) Wer die größte Zahl hat, gewinnt. b) Wer die kleinste Zahl hat, gewinnt.

⑥ a) Welche Zahlen kann Super M legen?

ZT	T	H	Z	E
•		••		•

Ich lege nur mit 4 Plättchen. Es gibt viele Zahlen.

b) Berechne die Differenz zwischen der größten und der kleinsten möglichen Zahl.
Wie groß ist die Differenz bei 5 (6, 7, 8, 9) Plättchen? Und bei 10 (11, 12, 13) Plättchen?
Notiere die Aufgaben. Wie verändert sich die Differenz?

1, 6 Anzahlen der Plättchen stehen für die Ziffern einer Zahl; Anzahlen der Plättchen nach Anweisung bzw. geschickt verändern; **4** Zahlzerlegungen; **5** Wissen über das Stellenwertsystem nutzen

E ▸ 14 AH ▸ 15 A ▸ 14

Zahlen aus der Fliegerei – Zahlen runden

① Noah hat ein Flugzeugquartett.
Er vergleicht das maximale Gewicht der Flugzeuge beim Start.

Airbus A321:	93 520 kg	Bombardier Canadair:	32 995 kg
Boeing 737-800:	79 010 kg	Fokker 100:	44 450 kg
Boeing 757-200:	99 790 kg	McDonnell Douglas MD-82:	67 812 kg

Um die Zahlen einfacher vergleichen zu können, kann man runden.

Airbus A321-100

Länge	44,51 m
Spannweite	34,09 m
Höhe	11,76 m
max. Geschwindigkeit	900 km/h
Reichweite	5 556 km
max. Startgewicht	93 520 kg
Tankkapazität	29 500 l

Beim Runden auf Tausender entscheidet die Hunderterstelle: 93 520 kg sind rund 94 000 kg.

Runden

Die nächstkleinere Stelle entscheidet, ob aufgerundet oder abgerundet wird.

Bei 0, 1, 2, 3, 4: abrunden
Bei 5, 6, 7, 8, 9: aufrunden

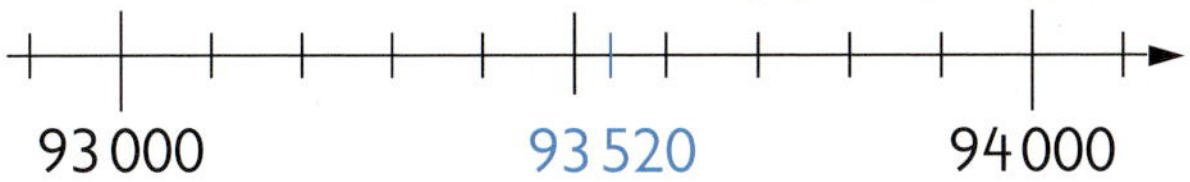

Runde alle Gewichtsangaben auf Tausender.

S. 27, Nr. 1
93 520 kg ≈ 94 000 kg

② Noahs Vater ist Pilot. Noah hat ihn nach seinen Flugkilometern gefragt.

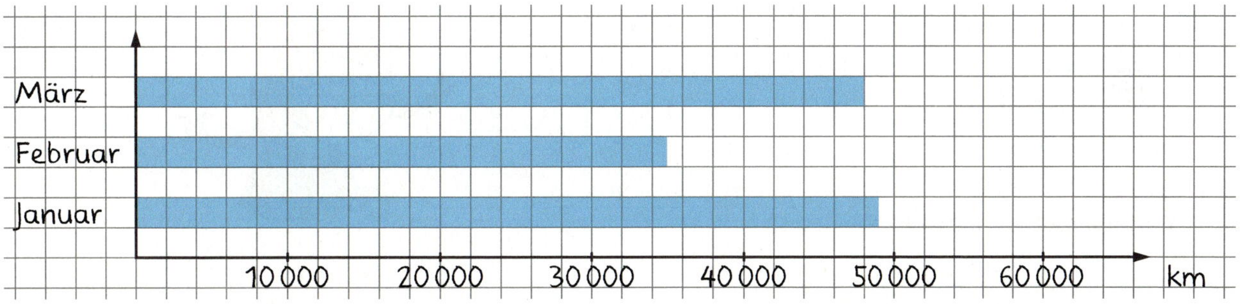

a) Wie viele Kilometer ist Noahs Vater im Januar (Februar, März) ungefähr geflogen?

b) Zeichne das Schaubild in dein Heft und ergänze es.
Runde dazu die Flugkilometer zuerst auf Tausender.

April:	41 628 km	Mai:	48 912 km	Juni:	51 537 km
Juli:	56 514 km	August:	59 009 km	September:	57 874 km

③ Kapitän Reuter arbeitet bei einer anderen Fluggesellschaft.
Vor allem in den Sommermonaten fliegt er weniger Kilometer als Noahs Vater. Runde die Flugkilometer auf Hunderter.

April:	48 926 km	Mai:	41 569 km	Juni:	45 192 km
Juli:	42 614 km	August:	39 848 km	September:	48 683 km

M Beim Runden auf Hunderter entscheidet die Zehnerstelle.

1 Zahlen auf volle Tausender runden; **2** Streifendiagramm lesen; Zahlen runden und in das Streifendiagramm übertragen; **3** Zahlen auf Hunderter genau runden

E▶14 AH▶15 A▶14

Zahlen bis 1 000 000

(1)

M Millionen	HT Hunderttausender	ZT Zehntausender	T Tausender	H Hunderter	Z Zehner	E Einer
1	0	0	0	0	0	0

eine Million

Trage in eine Stellentafel ein.
Wie viele kleine Würfel sind es?

S. 28, Nr. 1

	HT	ZT	T	H	Z	E
a)	4	0	0	0	0	0

vierhunderttausend

a) 4 Hunderttausender-Platten

b) 7 Hunderttausender-Platten

c) 3 Hunderttausender-Platten, 2 Zehntausender-Stangen, 8 Tausender-Würfel

d) 5 Hunderttausender-Platten, 6 Zehntausender-Stangen, 4 Tausender-Würfel, 9 Hunderter-Platten, 2 Zehner-Stangen

(2) Lies die Zahlen.

Tipp zum Lesen großer Zahlen: Immer 3 Stellen – von rechts nach links gezählt – gehören zusammen.

HT	ZT	T	H	Z	E
1	2	5	3	9	4
3	5	4	2	8	1
3	4	5	2	1	8
8	2	1	3	5	4
2	0	3	4	2	6

einhundertfünfundzwanzigtausend-dreihundertvierundneunzig

(3) Wie heißen die Zahlen?

a) 4HT 2ZT 6T 5H 7Z 8E **b)** 6HT 7ZT 8T 3H 4Z 5E **c)** 5HT 0ZT 3T 4H 1Z 2E

d) 3Z 2T 4HT 1H 5ZT

e) 7E 4H 2T 7HT 3Z

f) 2H 4HT 9ZT 7Z 0E

(4) Trage diese Ziffern in eine Stellentafel ein. 3 6 9 4 7 2

a) Notiere die größte sechsstellige Zahl.

b) Notiere die kleinste sechsstellige Zahl.

c) Notiere alle Zahlen, die größer sind als 975 000.

d) Notiere alle Zahlen, die kleiner sind als 240 000.

S. 28, Nr. 4

	HT	ZT	T	H	Z	E
a)	...					
b)						

Erweiterung des Zahlenraumes bis 1 000 000; **1, 2** Zahlen in der Stellentafel darstellen, die Zahlen mit Hilfe der Stellentafel lesen; **4** Zahlen mit Ziffernkärtchen nach Anweisung bilden; Einsichten in das Stellenwertsystem vertiefen

E▸15 AH▸16 A▸15

5 Lege mit Zahlenkarten und lies die Zahlen. Notiere die Zerlegung.

S. 29, Nr. 5
a) 392465 = 300000 + 90000 ...

a)	b)	c)
392 465	540 361	888 008
125 521	207 186	262 007
493 187	985 034	500 416

6 Zahlendiktat in Partnerarbeit

a) 516 378, 156 738, 651 873, 561 387, 615 378

b) 378 516, 738 156, 873 651, 387 561, 378 615

7

a)

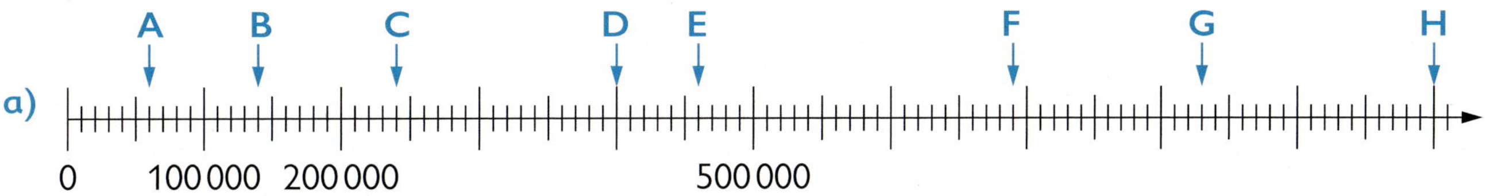

b)

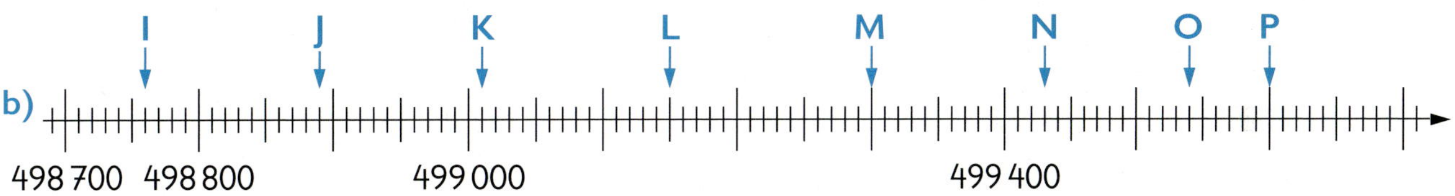

8 Notiere die Nachbarzahlen.

451 364 | 760 800 | 391 450 | 622 419 | 100 000 | 603 000

S. 29, Nr. 8

a) V	Zahl	N
	451364	
	760800	

a) Vorgänger (V) und Nachfolger (N)

b) Nachbarhunderter (NH)

c) Nachbartausender (NT)

d) Nachbarzehntausender (NZT)

e) Nachbarhunderttausender (NHT)

9 < oder > ?

a)		b)		c)	
481 572	536 791	267 433	268 510	421 315	421 351
674 834	698 220	631 315	631 268	241 531	214 541
980 426	990 426	813 724	813 742	412 513	412 315

10 Setze fort. Wie heißt die Regel?

a) 630 000, 640 000, 650 000, ... 700 000 Regel: immer ___

b) 700 000, 680 000, 660 000, ... 560 000 Regel: ___

c) 545 000, 547 000, 549 000, ... 559 000 Regel: ___

d) 327 030, 324 030, 321 030, ... 306 030 Regel: ___

(e) 820 400, 818 400, 822 400, 820 400, 824 400, ... 830 400 Regel: ___

(f) 421 200, 424 200, 419 200, 422 200, 417 200, ... 411 200 Regel: ___

5 Zerlegung zur Zahl zusammensetzen; **6** Ein Partnerkind diktiert die Zahlen; **7** Zahlen am Zahlenstrahl ablesen, auf Schrittgrößen innerhalb der Zahlenstrahlen achten; **10** Zahlenfolgen fortsetzen und ihren Aufbau beschreiben

E▸15 AH▸16 A▸15

Großstädte in Deutschland – Schaubilder

①

S. 30, Nr. 1

c)

M	H	T	Z	T	T	H	Z	E	
3	4	1	6	2	5	5			Berlin

Berlin ist die Hauptstadt Deutschlands.
Dort leben 3 416 255 Menschen.

Zu Deutschland gehören 16 Bundesländer.
Einwohnerzahlen der Landeshauptstädte:

Kiel (KI)	236 902	Düsseldorf (D)	581 122
Schwerin (SN)	95 855	Erfurt (EF)	202 929
Hamburg (HH)	1 770 629	Dresden (DD)	507 513
Bremen (HB)	547 769	Wiesbaden (WI)	275 849
Berlin (B)	3 416 255	Mainz (MZ)	198 118
Potsdam (P)	150 833	Saarbrücken (SB)	176 452
Hannover (H)	518 069	Stuttgart (S)	597 176
Magdeburg (MB)	230 140	München (M)	1 311 573

a) Zeige die Hauptstädte auf der Karte und nenne das jeweilige Bundesland.

b) In welchem Bundesland wohnst du? Wie heißt die Landeshauptstadt und wie viele Einwohner hat sie?

c) Notiere die Einwohnerzahlen der Hauptstädte in einer Stellentafel. Ordne sie der Größe nach. Beginne mit der größten Zahl.

② **a)** Runde die Einwohnerzahlen der acht größten Landeshauptstädte auf Hunderttausender. Zeichne ein Balkendiagramm für diese Städte. Zeichne 1 Kästchen für 100 000 Einwohner.

b) Runde die Einwohnerzahlen der restlichen Städte auf Zehntausender. Stelle auch diese Zahlen in einem Balkendiagramm dar. Wie zeichnest du hier?

M Beim Runden auf Hunderttausender entscheidet die Ziffer des Zehntausenders, ob auf- oder abgerundet wird.
3 416 255 ≈ 3 400 000

S. 30, Nr. 2

a) B: 3 416 255 ≈ 3 400 000

...

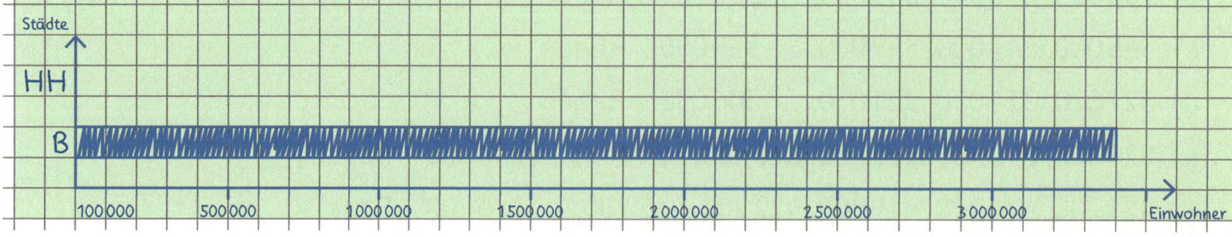

1 Orientierung auf der Karte; Einwohnerzahlen mit Hilfe der Stellentafel der Größe nach ordnen; **2** Zahlen runden, große und kleine Städte getrennt in zwei Balkendiagrammen darstellen, dabei für die kleinen Städte selbst eine sinnvolle Darstellungsgröße wählen E▸16 AH▸17 A▸16

③ a) Welche Stadt hat ungefähr doppelt so viele Einwohner wie Schwerin?
b) Welche Städte haben mehr als 200 000 und weniger als 500 000 Einwohner?
c) Welche Stadt hat ungefähr 3-mal so viele Einwohner wie Erfurt?
d) Welche Städte haben etwa eine halbe Million Einwohner?

④ a) Vedat hat die Einwohnerzahlen einiger Städte in Niedersachsen im Internet gesucht. Die Zahlen hat er auf Zehntausender gerundet. Für jeden Zehntausender zeichnet er ein 🚶.

Wie viele Einwohner haben die Städte etwa?

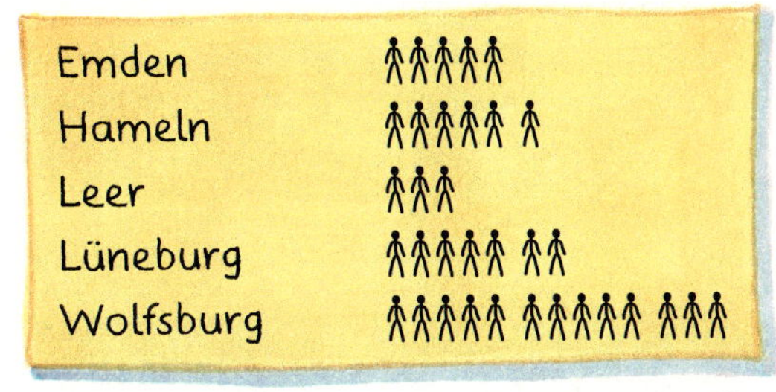

ⓑ Zeichne für diese Städte ein Schaubild wie Vedat.

Darmstadt 142 191 Eisenach 43 308 Flensburg 87 792 Lindau 24 537 Marburg 79 240 Recklinghausen 120 536 Trier 103 888 Tübingen 83 813

⑤

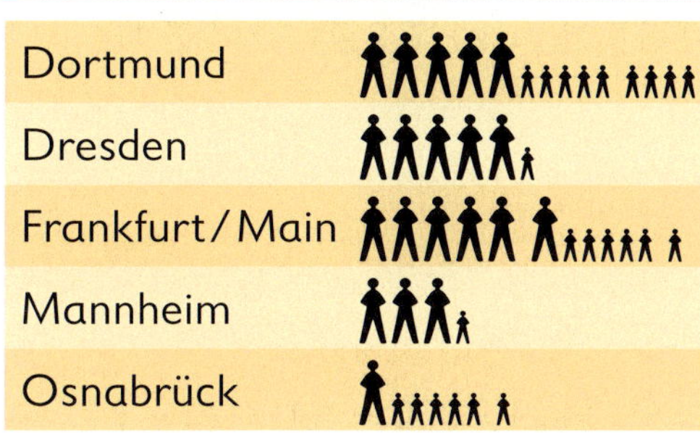

a) Erkläre dieses Schaubild. Wofür stehen die Männchen, wenn Dortmund 586 909 Einwohner hat?
b) Wie viele Einwohner haben die anderen Städte etwa?
c) Vergleiche die Zahlen.

Die meisten Einwohner … | … haben mehr als … | … hat etwa doppelt so viele …

⑥ Nutzung von Verkehrsmitteln

Münster (272 100 Einwohner)

29 931 | 114 282 | 32 652 | 95 235

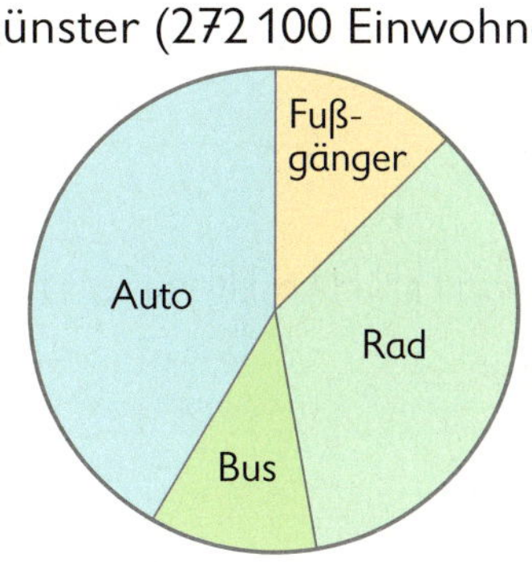

Aachen (258 800 Einwohner)

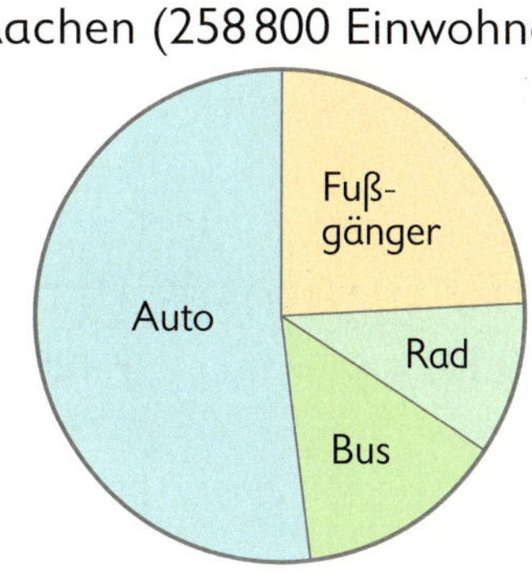

25 880 | 36 232 | 134 576 | 62 112

a) Welche Informationen kannst du den Kreisdiagrammen entnehmen? Vergleiche die Diagramme.
b) Ordne die Personenzahlen den Verkehrsmitteln zu. Erstelle eine Tabelle.
ⓒ Runde die Zahlen auf Tausender und stelle sie in einem Balkendiagramm dar. Zeichne 1 cm für 10 000 Personen.

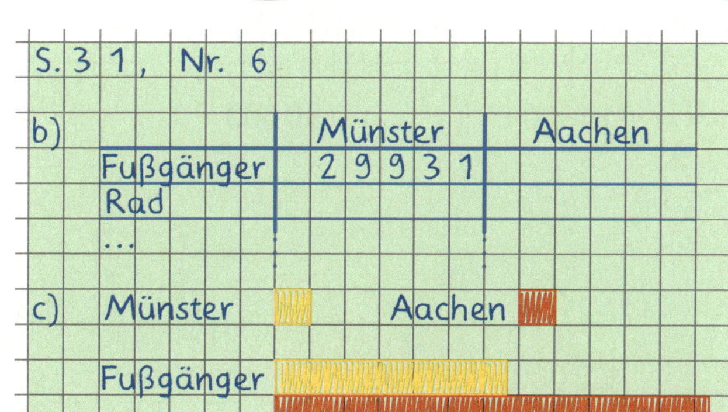

Das kann ich schon!

① Große Zahlen darstellen

Wie viele kleine Würfel sind es? Notiere in einer Stellentafel.

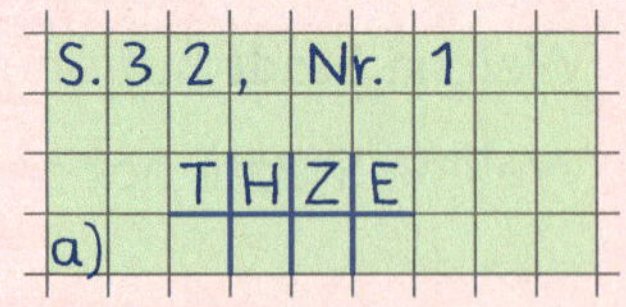

a)

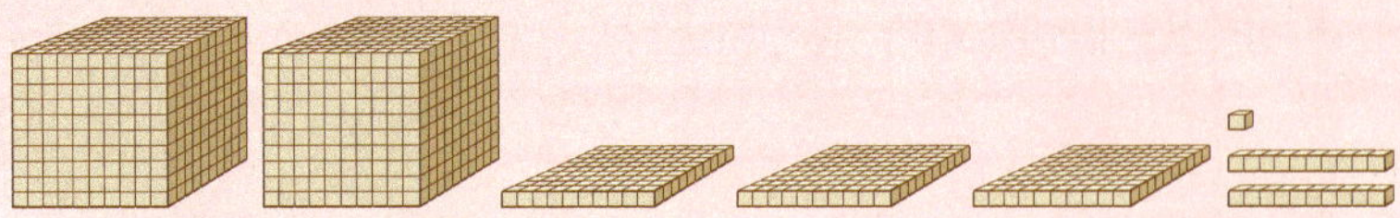

b)

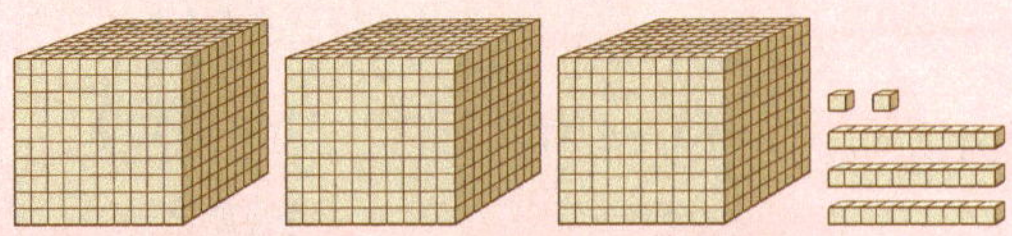

c)

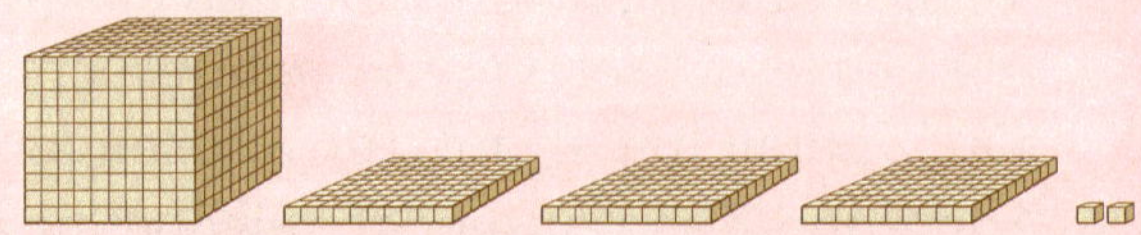

② Stellenwerte

Wie heißen die Zahlen?

a) 5T 6H 2Z 3E, 8T 3H 1Z 7E, 2ZT 6T 0H 3Z 0E, 9HT 5ZT 2T 1H 0Z 3E

ⓑ 8T 9H 6Z, 6T 7H 2E, 9T 9E, 8ZT 2H 3E, 2ZT 5T 1E, 4HT 8ZT 5H 9Z 1E

③ Zahlzerlegungen

Wie heißen die Zahlen? Schreibe sie in dein Heft.

a) 10 000 + 9 000 + 900 + 80 + 2 = ___

50 000 + 3 000 + 400 + 60 + 4 = ___

b) 300 000 + 50 000 + 7 000 + 400 + 20 + 1 = ___

200 000 + 80 000 + 4 000 + 80 + 9 = ___

④ Zahlenstrahl

a)

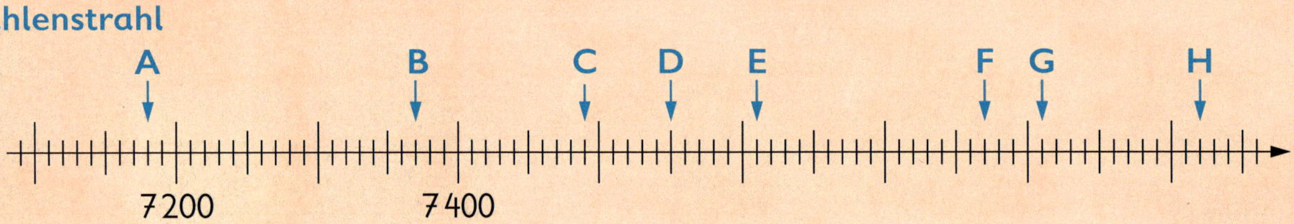

b)

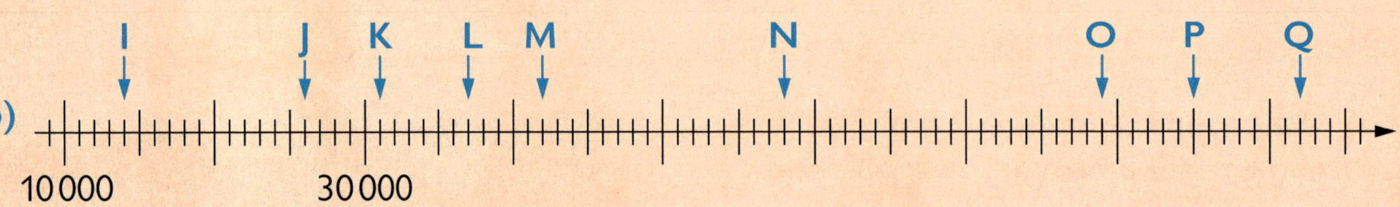

c)

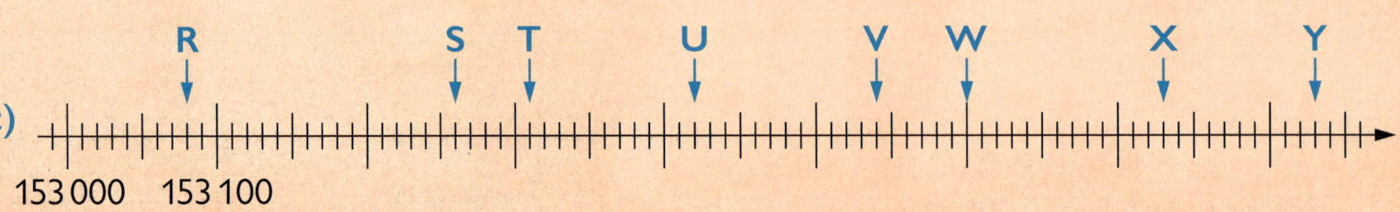

⑤ Zahlen ordnen

a) < oder > ?

12 873	22 873
7 671	7 617
50 763	57 063
219 006	219 060

b) Ordne der Größe nach. Beginne mit der kleinsten Zahl.

7 777 7 978 7 879 9 778 79 700 70 970 17 900 707 900 79 007

⑥ Nachbarzahlen

Zeichne die Tabellen in dein Heft. Finde die Nachbarzahlen.

a)

V	Z	N
	7 690	
	12 700	
	96 999	
		52 000

b)

NT	Z	NT
	176 050	
	378 012	
	949 958	
	523 401	

c)

NZT	Z	NZT
	163 127	
	984 004	
	270 253	
	826 031	

⑦ Zahlenfolgen

a) 46 000, 48 000, 50 000, … 60 000 Regel: immer ___

b) 91 600, 91 400, 91 200, … 90 200 Regel: ___

c) 273 005, 276 005, 279 005, … 294 005 Regel: ___

ⓓ 72 400, 72 900, 73 900, 74 400, 75 400, … 78 900 Regel: ___

⑧ Ergänzen

Schreibe immer als Plusaufgabe. Ergänze …

a) … zu 100 000	**b)** … zu 1 000 000
75 000	370 000
34 000	820 000
29 700	545 000
11 900	910 000

S. 33, Nr. 8

a) 75000 + 25000 = 100000

⑨ Zahlen runden

Runde die Einwohnerzahlen auf Tausender.

Städte an der Weser	Hameln	Höxter	Minden	Rinteln	Holzminden
Einwohner	58 517	32 120	83 028	27 659	20 667

Kilometer und Meter

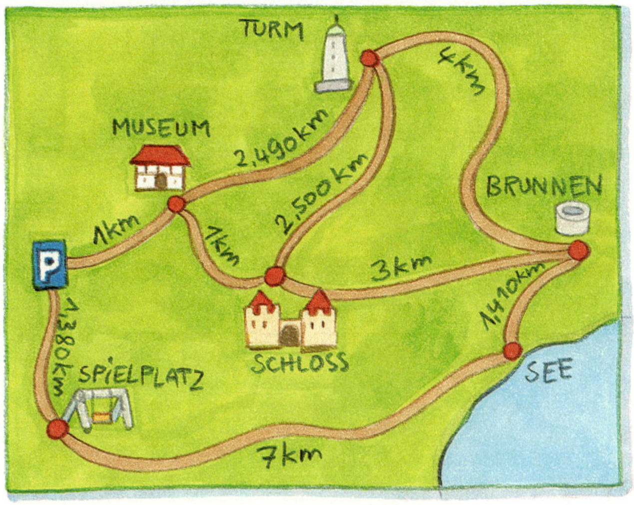

(1) Wie weit ist es? Gib auch in Metern an.

a) vom Turm zum Brunnen

b) vom Museum zum Parkplatz

c) vom See zum Spielplatz

S. 3 4, Nr. 1
a) 4 km = 4 0 0 0 m

Für 1 km brauche ich zu Fuß etwa 15 min.

1 Kilometer = 1 000 Meter
1 km = 1 000 m

(2) Wie viele Meter sind es?

a)	b)	c)
2 km	6 km 360 m	2 km 18 m
9 km	8 km 500 m	9 km 90 m
5 km	5 km 134 m	1 km 1 m
10 km	3 km 807 m	4 km 22 m

S. 3 4, Nr. 2
a) ...
b) 6 km 3 6 0 m = 6 3 6 0 m

(3) Wie lang sind diese Wege? Schreibe auf drei Arten.

a) vom Turm zum Museum

b) vom Schloss zum Turm

c) vom See zum Brunnen

d) der kürzeste (längste) Weg vom Schloss zum See

Das Komma trennt Kilometer und Meter.

S. 3 4, Nr. 3
a) 2, 4 9 0 km = 2 km 4 9 0 = 2 4 9 0 m

	km	m			
2,490 km	2	4	9	0	2 490 m
0,095 km	0	0	9	5	95 m

Man spricht:
zwei Komma vier neun null Kilometer
und
null Komma null neun fünf Kilometer

(4) Schreibe in Kilometern mit Komma. Die Stellentafel kann dir helfen.

a)	b)	c)	d)	e)	f)
8 km 420 m	3 km 25 m	3 275 m	6 100 m	500 m	82 m
5 km 275 m	1 km 8 m	9 999 m	6 010 m	908 m	3 m

(5) Wie weit ist es zu den einzelnen Orten? Schreibe wie in Aufgabe (3).

Nullen am Ende einer Kommazahl muss man nicht schreiben.
1,300 km = 1,3 km

1 Entfernungen dem Plan entnehmen, in m umwandeln, mögliche Differenzierung: Gehzeiten berechnen;
3 Entfernungen in km, in gemischter Schreibweise und in m angeben; **5** Hinweis von Super M besprechen

E▶18 AH▶18 A▶18

① Wie lang sind die Dinge in Wirklichkeit? Ordne zu.

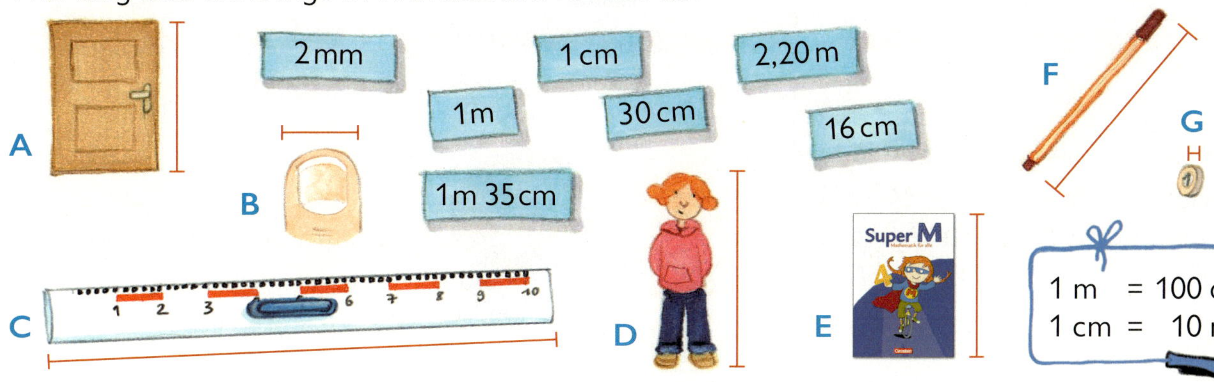

1 m = 100 cm
1 cm = 10 mm

② Wie viele cm sind es?

a)		b)	
	6 m		3 m 46 cm
	2 m		5 m 6 cm
	1 m 80 cm		9 m 1 cm
	10 m 20 cm		1 m 12 cm

③ Wandle um in mm.

a)		b)	
	8 cm		10 cm 2 mm
	3 cm		12 cm 6 mm
	2 cm 5 mm		90 cm 1 mm
	4 cm 8 mm		1 m

Das Komma trennt Meter und Zentimeter.
Man kann unterschiedlich schreiben.
2,36 m = 2 m 36 cm = 236 cm

	m		cm		
2,36 m		2	3	6	236 cm
12,05 m	1	2	0	5	1 205 cm

Das Komma trennt auch Zentimeter und Millimeter.
2,6 cm = 2 cm 6 mm = 26 mm

	cm	mm	
2,6 cm	2	6	26 mm
0,5 cm	0	5	5 mm

④ Schreibe die Längenangaben auf drei Arten. Die Stellentafel kann dir helfen.

a)	b)	c)	d)
3,74 m	2,02 m	5,8 m	3,15 m
5,25 m	2,20 m	2,7 m	0,75 m
7,98 m	0,02 m	0,5 m	0,04 m
9,17 m	0,20 m	0,1 m	0,01 m

S. 35, Nr. 4
a) 3,74 m = 3 m 74 cm = 374 cm

⑤ Schreibe auf drei Arten.

a)	b)	c)	d)
185 cm	208 cm	600 cm	15 cm
456 cm	280 cm	60 cm	2 cm

S. 35, Nr. 5
a) 185 cm = 1 m 85 cm = 1,85 m

⑥ Zeichne die Strecken. Gib die Längen in cm und in mm an.

a)	b)	c)	d)	e)
3,5 cm	9,1 cm	55 mm	12 mm	21 mm
4,9 cm	12,6 cm	90 mm	7 mm	9 mm

S. 35, Nr. 6
a) 3,5 cm
35 mm

1 Längen passend zuordnen; **4** Angaben in m, in gemischter Schreibweise und in cm angeben;
6 Strecken zeichnen, Längen in cm und mm angeben
E▸18 AH▸18 A▸18

Längen – Bruchzahlen

1

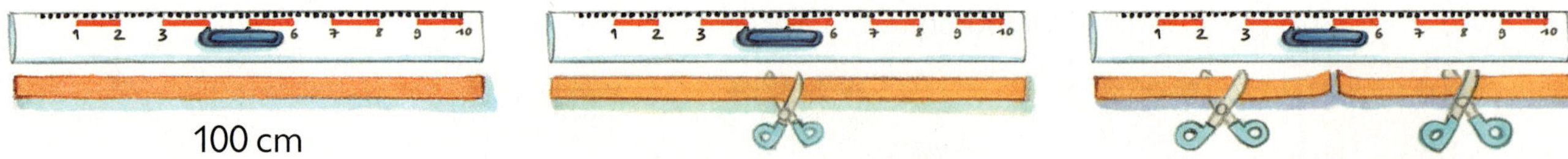

100 cm

__cm __cm

__cm __cm __cm __cm

Betrachte die Bilder. Schneide selbst.
Wie lang ist ein halber Meter ($\frac{1}{2}$ m)?
Wie lang ist ein viertel Meter ($\frac{1}{4}$ m)?
Wie lang ist ein dreiviertel Meter ($\frac{3}{4}$ m)?

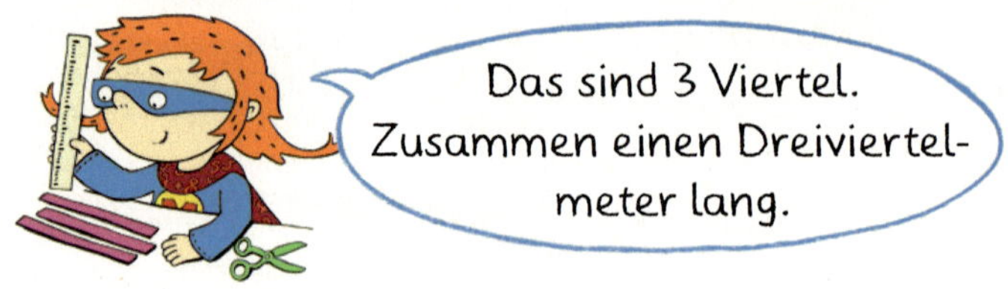

2 Schreibe in dein Heft und ergänze.

a) 1 m = __cm
b) $\frac{1}{2}$ m = __cm
c) $\frac{1}{4}$ m = __cm
d) $\frac{3}{4}$ m = __cm
e) 1 m + $\frac{1}{2}$ m = $1\frac{1}{2}$ m = __cm
f) 1 m + $\frac{1}{4}$ m = $1\frac{1}{4}$ m = __cm

3

Wie viele Meter sind die Wege lang?

4 Wie viele Meter sind es?

a)	b)
1 km = __m	$2\frac{1}{2}$ km = __m
$\frac{1}{2}$ km = __m	$5\frac{1}{2}$ km = __m
$\frac{1}{4}$ km = __m	$1\frac{1}{4}$ km = __m
$\frac{3}{4}$ km = __m	$10\frac{3}{4}$ km = __m

5 a) Schreibe in Zentimetern.

$4\frac{1}{2}$ m 2,5 m 0,75 m $10\frac{1}{4}$ m $2\frac{3}{4}$ m 0,5 m 1,6 m

b) Schreibe in Metern.

$1\frac{1}{2}$ km $3\frac{3}{4}$ km 2,4 km 6,1 km 0,59 km $2\frac{3}{4}$ km 1,509 km

S. 36, Nr. 5
a) $4\frac{1}{2}$ m = 450 cm

6 <, > oder = ?

a)			b)		
100 cm	◯	1 m	250 cm	◯	$\frac{1}{4}$ m
0,1 km	◯	10 m	$\frac{1}{4}$ km	◯	750 m
1 000 m	◯	1 km	150 cm	◯	$1\frac{1}{2}$ m
150 cm	◯	1,5 m	$\frac{1}{2}$ cm	◯	50 mm
150 mm	◯	1,5 cm	150 m	◯	$1\frac{1}{2}$ km

7 Ordne der Länge nach.

449 mm $2\frac{1}{2}$ cm $4\frac{1}{2}$ cm $\frac{3}{4}$ km 4,6 m 4 km 43 cm 4 m 59 cm

8 Max richtet sein Zimmer neu ein.
Die eine Wand ist $3\frac{1}{2}$ m lang.
Welche Möbel kann Max an diese Wand stellen?
Finde mehrere Möglichkeiten.

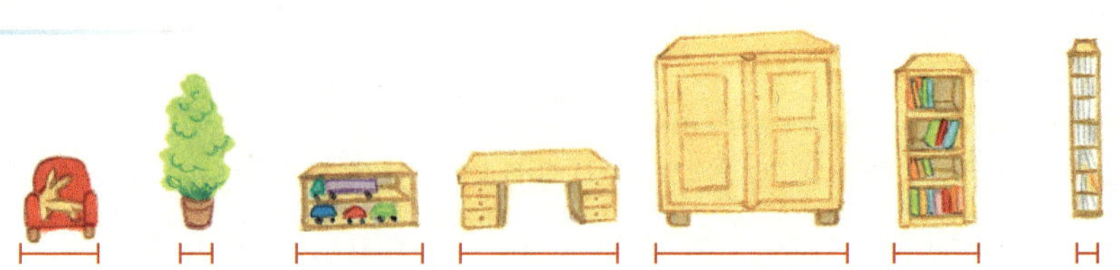

$\frac{3}{4}$ m 30 cm 1,20 m 1,50 m 1,80 m 0,8 m 20 cm

1 Geschenkband durch Halbieren zerteilen in $\frac{1}{2}$ m und $\frac{1}{4}$ m lange Stücke, Bruchteile eines Meters in Zentimetern angeben; **4** Bruchteile eines Kilometers in Metern angeben; **8** Verschiedene Kombinationen von Möbelstücken finden, die an der $3\frac{1}{2}$ m langen Wand nebeneinander Platz haben E▸19 AH▸19 A▸19

1

a) An vielen Gebäuden kannst du geometrische Körper entdecken. Welche siehst du auf diesen Fotos?

b) Erkunde deine Umgebung.
Findest du interessante Gebäude?
Versuche sie zu skizzieren.
Aus welchen geometrischen Körpern bestehen sie?

c) Einige Körper findest du immer wieder an Gebäuden, andere nur selten.
Welche sind das? Weshalb ist das so?

2

Welche Körper sind es?

a) 6 ebene Flächen, alle gleich groß.

b) 5 ebene Flächen, davon 4 gleich groß.

c) Eine gewölbte Fläche, keine Kanten.

d) Eine gekrümmte Kante, 2 Flächen.

e) 9 gerade Kanten, 5 ebene Flächen.

f) 12 gerade Kanten, 6 ebene Flächen.

g) Eine gewölbte Fläche, 2 ebene Flächen.
2 gekrümmte Kanten.

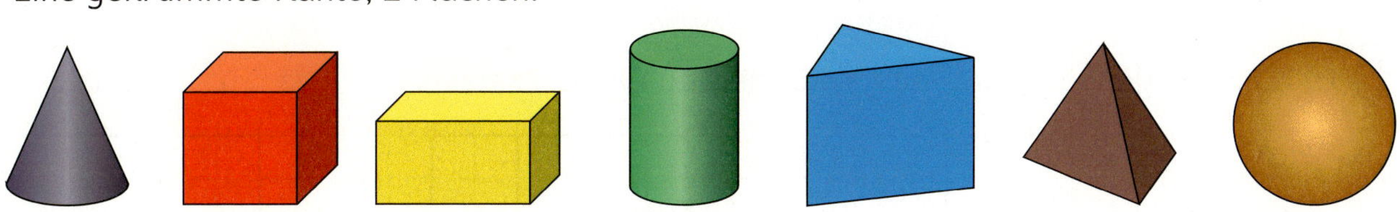

3

Körpernetze

① 

Anne hat die Verpackung für Max' Geschenk selbst gebastelt. Die Bastelvorlage sah so aus:

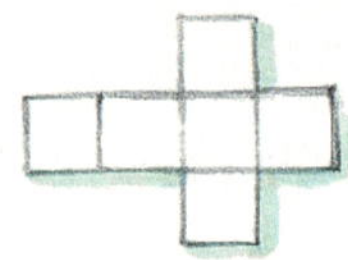

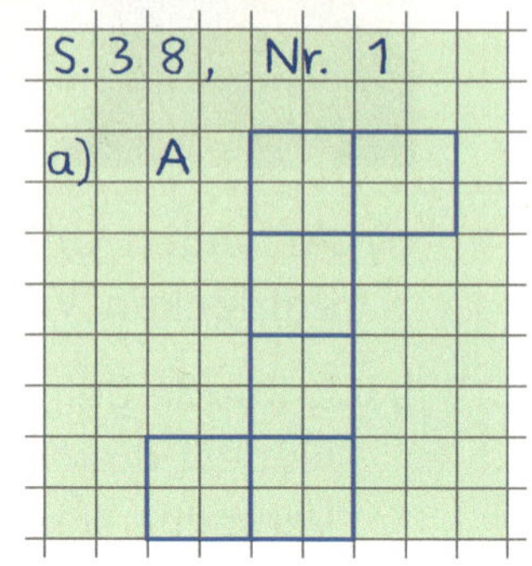

a) Wie könnte die Bastelvorlage noch aussehen?
Überlege, aus welchen Vorlagen du einen Würfel falten kannst.
Übertrage sie in dein Heft.

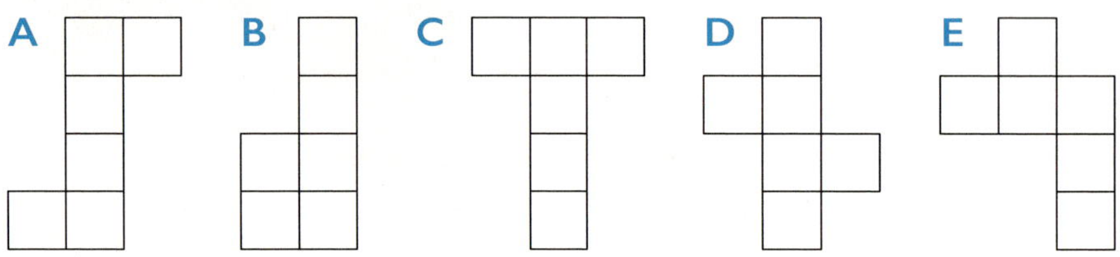

b) Male die Flächen, die sich am gefalteten Würfel gegenüberliegen, mit der gleichen Farbe an.

② Zeichne die Würfelnetze auf Karopapier.

a) Male die Ecken, die beim Falten zusammenstoßen, in der gleichen Farbe an.

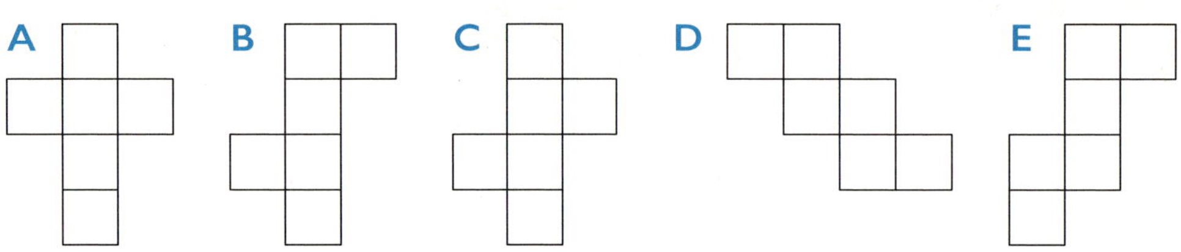

b) Schneide die Netze aus, falte und überprüfe deine Lösung.

③ a) Zeichne genau ab und vervollständige zu Quadernetzen.

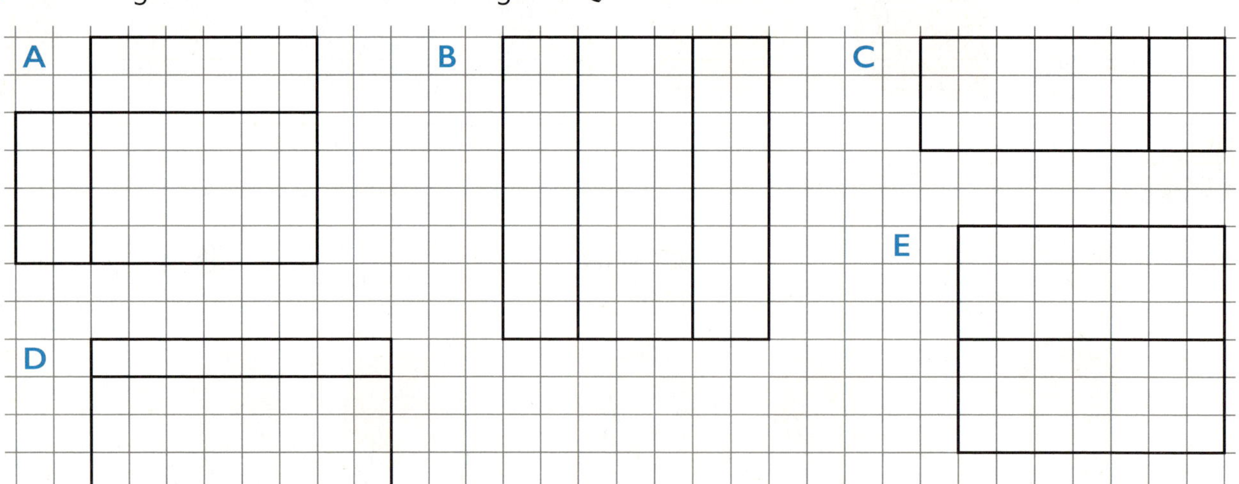

b) Für welche Netze findest du verschiedene Lösungen? Zeichne sie auf.

1 Würfelnetze erkennen; falten der Netze in der Vorstellung oder tatsächlich, um gegenüberliegende Flächen zu finden; 2 Falten der Netze zunächst in Gedanken, Lösung handelnd überprüfen; 3 Zeichnungen zu Quadernetzen ergänzen E▸20 AH▸20 A▸20

4

Welcher Körper und welches Netz gehören zusammen?

5 Aus diesen Teilen kannst du zwei Quader bauen.
Notiere, welche Teile zusammen einen Quader ergeben. **Tipp:** Zwei Teile bleiben übrig.

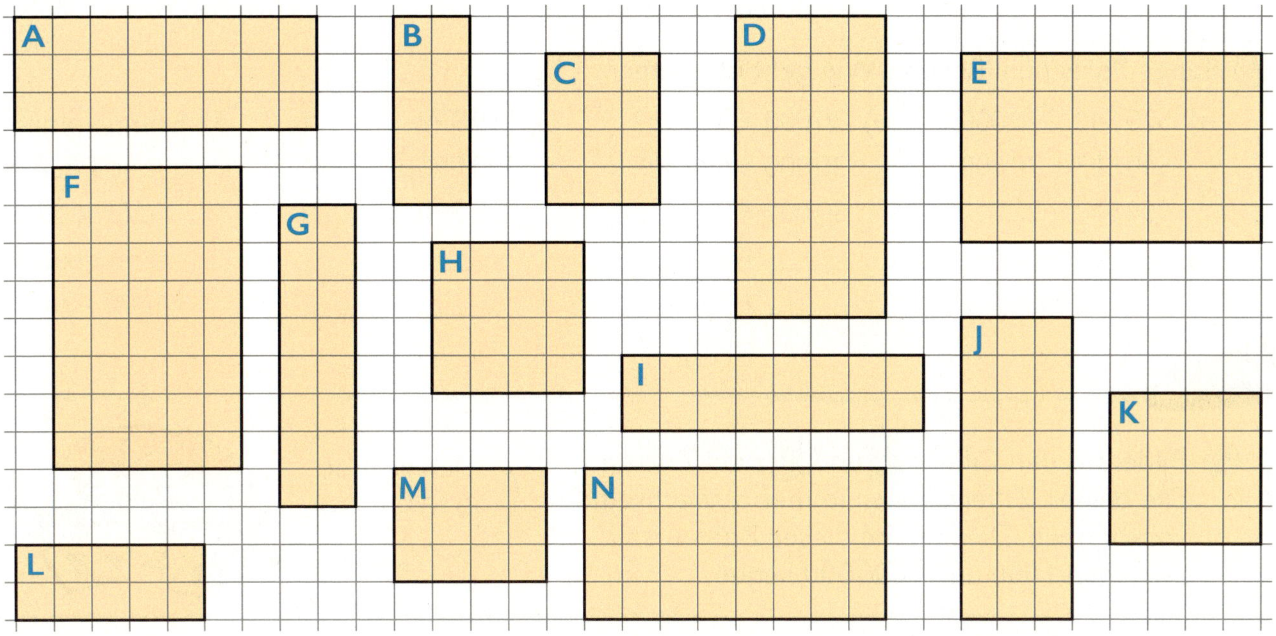

Addieren von Stufenzahlen

①

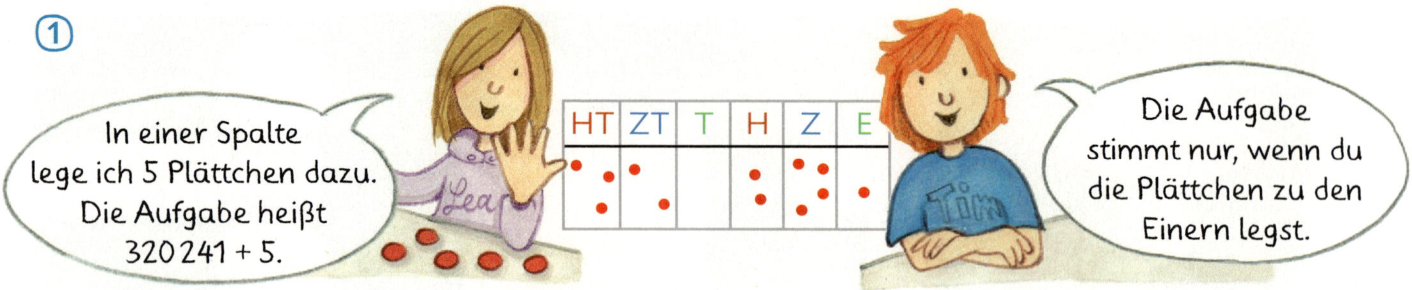

a) 5 Plättchen dazu

320 241 + 5 = ___
320 241 + 50 = ___
320 241 + ___ = ___
…

b) 3 Plättchen dazu

___ + 300 000 = ___
___ + 30 000 = ___
___ + ___ = ___
…

② Rechne. Wo verändert sich etwas?

a)
123 000 + 6
123 000 + 60
123 000 + 600
123 000 + 6 000
123 000 + 60 000
123 000 + 600 000

b)
415 306 + 4
415 306 + 40
415 306 + 400
415 306 + ___
415 306 + ___
415 306 + ___

c)
250 000 + 500 000
250 000 + 50 000
250 000 + ___
___ + ___
___ + ___
___ + ___

d)
33 333 + 7
33 333 + 70
33 333 + ___
___ + ___
___ + ___
___ + ___

③

a)
30 000 + 36 000
30 000 + 36 800
30 000 + 36 890
30 000 + 36 892

b)
516 000 + 5 000
516 400 + 5 000
516 560 + 5 000
516 317 + 5 000

c)
91 657 + 4
91 657 + 400
91 657 + 40
91 657 + 40 000

d)
803 000 + 60 000
830 000 + 60 000
800 030 + 60 000
800 003 + 60 001

④ Super-Päckchen! Rechne. Wie geht es weiter?

a)
520 543 + 20 000
540 543 + 20 000
560 543 + 20 000
___ + ___
___ + ___

b)
30 000 + 333 333
30 000 + 444 444
30 000 + ___
___ + ___
___ + ___

c)
999 999 + 1
999 990 + 10
999 900 + 100
___ + ___
___ + ___

d) Erfinde eigene Super-Päckchen. Die Ergebnisse sollen größer als 10 000 sein.

⑤ Bilde aus den Ziffern 1 und 0 zwei Zahlen. Die beiden Ziffern sollen immer abwechselnd vorkommen. Die Summe dieser Zahlen soll zwischen 1000 und 1 000 000 liegen.

1–5 Stufenzahlen addieren, Einsichten in das Stellenwertsystem vertiefen und nutzen;
4 Regelmäßigkeiten der Summanden und der Ergebnisse erkennen, Erkenntnisse für eigene Päckchen nutzen

E▸21 AH▸21 A▸21

Subtrahieren von Stufenzahlen

1

a) 3 Plättchen wegnehmen.

785 956 – 3 = ___
785 956 – 30 = ___
785 956 – ___ = ___
…

b) 5 Plättchen wegnehmen.

785 956 – 5 = ___
785 956 – 50 = ___
785 956 – ___ = ___
…

2 Rechne. Wo verändert sich etwas?

a)	b)	c)	d)
987 654 – 400 000	635 920 – 100 000	800 000 – 2	765 000 – 5
987 654 – 40 000	635 920 – 10 000	800 000 – 20	765 000 – 50
987 654 – 4 000	635 920 – ___	800 000 – 200	765 000 – ___
987 654 – 400	___ – ___	800 000 – 2 000	___ – ___
987 654 – 40	___ – ___	800 000 – 20 000	___ – ___
987 654 – 4	___ – _	800 000 – 200 000	___ – ___

3

a)	b)	c)	d)
900 000 – 600 000	876 967 – 6	750 000 – 50 000	656 545 – 230 000
950 000 – 600 000	876 967 – 60 000	705 000 – 50 000	656 545 – 235 000
952 000 – 600 000	876 967 – 600	700 005 – 50 000	656 545 – 235 100
952 800 – 600 000	876 967 – 6 000	700 050 – 50 000	656 545 – 235 140

4 Super-Päckchen! Was fällt dir auf?

a)	b)	c)	d)
864 326 – 200 000	983 538 – 40 004	900 000 – 880 000	Erfinde
864 328 – 200 002	963 538 – 60 004	900 000 – 770 000	ein eigenes
864 348 – 200 022	943 538 – 80 004	___ – 660 000	Super-Päckchen.
864 548 – ___	___ – ___	___ – ___	
___ – ___	___ – ___	___ – ___	

5 Zahlenrätsel. Wie heißen die Zahlen?

Meine Zahl ist um 10 000 kleiner als 865 000. Maria

Wenn ich von meiner Zahl 100 000 subtrahiere, erhalte ich 32 457. Ali

Die Differenz zwischen meiner Zahl und 651 300 beträgt 20 000. Naomi

1–5 Stufenzahlen subtrahieren, Einsichten in das Stellenwertsystem vertiefen und nutzen

E▸21 AH▸21 A▸21

Halbschriftlich addieren und subtrahieren

(1) Rechenkonferenz

30 600 + 25 700 68 400 − 7 800

(2) Rechne mit deinem Rechenweg.

a) 32 200 + 12 900
24 000 + 51 060
20 760 + 5 040
6 080 + 82 200

b) 880 500 + 103 000
198 000 + 200 400
541 010 + 320 000
706 500 + 100 300

c) 135 000 + 47 000
825 000 + 56 000
6 500 + 98 300
46 500 + 7 600

d) 80 600 + 4 900
360 700 + 100 500
88 300 + 20 600
256 300 + 82 600

(3) Schrittweise subtrahieren – so geht es immer. Rechne im Heft.

S. 42, Nr. 3

a) 68 500 − 6 400 = 62 100
68 500 − 6 000 = 62 500
62 500 − 400 = 62 100

a) 68 500 − 6 400
37 400 − 8 700
99 650 − 8 400
51 600 − 5 050
19 008 − 4 004
83 760 − 2 680

b) 1 000 000 − 25 000
198 400 − 27 000
246 000 − 10 400
555 000 − 50 500
643 070 − 13 000
369 000 − 42 100

(4) Zahlenmauern. Bei welchen Aufgaben notierst du deine Rechenschritte?

a)

b)

c)

1–3 Große Zahlen geschickt zerlegen und schrittweise addieren und subtrahieren;
4 Vollziehen der Rechenschritte zum Ausfüllen der Zahlenmauern im Kopf oder mit Notation der Zwischenschritte

E▸22 AH▸22 A▸22

Schriftlich addieren

① Schreibe die Zahlen stellengerecht untereinander. Addiere schriftlich.
Tipp: Alle Ergebnisse haben die gleiche Quersumme. Wie groß ist sie?

a)	b)	c)
356 111 + 603 589	69 344 + 21 800 + 14 753	471 112 + 6 666 + 77 777
221 806 + 57 269	34 012 + 50 042 + 84 105	31 515 + 79 651 + 240 809
96 658 + 398 678	32 156 + 18 500 + 905 759	444 300 + 22 200 + 532 800

② 0 1 2 3 4 5 6 7 8 9

Bilde aus den Ziffernkarten zwei fünfstellige Zahlen.
Du darfst jedes Kärtchen nur einmal benutzen.

a) Addiere beide Zahlen schriftlich.

ⓑ Bilde Aufgaben mit einer Summe möglichst nahe an 100 000. Kannst du 100 000 genau treffen?

ⓒ Finde die Aufgabe mit der größten Summe. Findest du mehrere?

ⓓ Welches ist das kleinstmögliche Ergebnis?

③ Ergänze die fehlenden Ziffern so, dass die Rechnung stimmt.

a)	b)	c)	d)
6□□67	96315	□4365	1□□567
+3218□	+□□□□□	+3□4□□	+□95□□□
□74□0	138169	1□9□08	1000000

Ⓜ Ergänze auch die Überträge.

④ Überprüfe, welche Kinder Fehler gemacht haben.
Beschreibe die Fehler und rechne die Aufgaben richtig im Heft.

A Übertrag vergessen

B falsch addiert

C falsch untereinander geschrieben

Lena	Alex	Ali	Nele
64382	986431	764321	73156
+81594	+40659	+146431	+25917
	1 1 1	1 1	1
145876	1393021	910751	98074

⑤ Jagd auf 100 000

1. Würfelt mit einem Würfel und entscheidet, an welcher Stelle die gewürfelte Zahl stehen soll.
2. Würfelt abwechselnd, bis ihr zwei fünfstellige Zahlen erwürfelt habt.
3. Addiert die beiden fünfstelligen Zahlen.
4. Gewonnen hat derjenige mit der Summe möglichst nahe an 100 000. Wenn deine Summe größer als 100 000 ist, hast du verloren.

1–5 Anwenden der schriftlichen Addition im Zahlenraum bis 1 000 000;
2, 5 Einsichten in das Rechnen mit Ziffern vertiefen und nutzen; **4** Häufige Fehler erkennen, beschreiben und berichtigen
E▸22 AH▸22 A▸22

Schriftlich subtrahieren

(1) Schreibe die Zahlen stellengerecht untereinander. Subtrahiere schriftlich.
Was fällt dir an den Quersummen der Ergebnisse auf?

a)	b)	c)	d)
963 021 – 315 789	862 356 – 306 815	100 000 – 1 289	100 000 – 9 091
971 838 – 106 518	1 000 000 – 126 759	904 047 – 896 479	991 016 – 108 674
111 100 – 44 440	810 979 – 73 656	20 084 – 10 401	611 115 – 55 563

(2) 0 1 2 3 4 5 6 7 8 9

Bilde aus den Ziffernkarten zwei fünfstellige Zahlen.
Du darfst jedes Kärtchen nur einmal benutzen.

a) Subtrahiere beide Zahlen schriftlich.

(b) Bilde Aufgaben mit einer Differenz zwischen 80 000 und 100 000.

(c) Finde Aufgaben mit einer Differenz kleiner als 1 000.

(d) Findest du die Aufgabe mit dem kleinsten Ergebnis?

(e) Welche Aufgabe hat das größte Ergebnis?

(3) Ergänze die fehlenden Ziffern und Überträge.

a)	b)	c)	d)	e)	f)
1□83□	61825	□□9□76	□6□093	□□□□□□	□47□10
– 9□□2	–□□□□□	– 8294□	–□98□□5	–483694	–2□07□6
3415	3064	2□8□1	1□290□	20130	35□32□

(4) ANNA-Zahlen

a) Warum werden diese Zahlen ANNA-Zahlen genannt?

b) Notiere weitere ANNA-Zahlen. Findest du alle?

c) So kannst du ANNA-Aufgaben bilden:
Wähle eine ANNA-Zahl. Bilde aus den gleichen Ziffern die andere mögliche ANNA-Zahl.
Subtrahiere die kleinere von der größeren Zahl.

9889	6446	7667	9559	4224
–8998	–4664	–6776	–□□□□	–□□□□

d) Berechne weitere ANNA-Aufgaben. Was fällt dir auf?

e) Schreibe deine Ergebnisse aus c) und d) der Größe nach geordnet auf.
Untersuche die Ergebnisse zusammen mit deinem Partner.
Fällt euch etwas auf?

f) Findest du weitere ANNA-Aufgaben mit dem Ergebnis 891?

(5) Untersuche auch MOMO-Zahlen wie in Aufgabe (4). 1212 8989 2020 7373

1–5 Anwenden der schriftlichen Subtraktion im Zahlenraum bis 1 000 000; 2, 3 Einsichten in das Rechnen mit Ziffern vertiefen und nutzen; 4 Besonderheiten bei der Subtraktion von ANNA-Zahlen beschreiben

E▸23 AH▸23 A▸23

Im Kopf oder schriftlich rechnen?

1

Welches Kind rechnet welche Aufgabe?
Erkläre, warum man einige Aufgaben schneller im Kopf rechnen kann.

2 Rechne geschickt. Notiere deinen Rechenweg.

a)	b)	c)
17 998 + 12 402	76 998 + 22 500	694 602 – 694 598
249 999 + 300 401	43 999 + 34 200	500 020 – 499 990
8 990 + 9 010	52 400 + 25 997	18 002 – 17 990
26 305 + 13 995	22 800 + 63 995	76 516 – 76 508

M
76 998 + 22 500 =
77 000 + 22 500 = _
______ – 2 = _

694 602 – 694 598 =
694 598 + _ = 694 602

3

4 986 + 1 000
386 454 – 30 000
976 531 + 28 945
358 379 – 358 369
100 001 – 54 999
80 998 + 1 002
39 998 – 30 004
964 341 – 589 320
150 000 + 24 999
78 604 – 39 935
631 579 + 248 103
17 007 – 6 007
36 500 – 36 500
630 000 – 420 000
12 606 – 8 606

a) Notiere zuerst die Aufgaben, die du schneller im Kopf rechnest, mit ihrem Ergebnis.

b) Berechne nun die übrigen Aufgaben schriftlich.

M

4 Notiere Aufgaben, die du im Kopf lösen kannst. Stelle in der Klasse vor, wie du rechnest.

+ –
3 001 578 493 864 349 10 000 39 999 326 329 326 333 50 000 45 001 864 361

Sachrechnen – Große Fußballstadien

München
WM 2006: 60 000 Plätze/
Bundesliga: 66 000 Plätze

Berlin
76 065/76 065

Köln
46 134/50 997

Kaiserslautern
46 615/58 500

Stuttgart
53 198/55 896

Nürnberg
40 000/40 000

(1) Zahlen zur Weltmeisterschaft 2006 in Deutschland
Schreibe Rechnungen und Antworten in dein Heft.

a) Ordne die Stadien nach der Anzahl ihrer Zuschauerplätze bei der WM. Beginne mit dem kleinsten Stadion.

b) Bestimme die Anzahl der Zuschauerplätze während der WM in Bayern.

c) Wie viel mehr Sitzplätze gab es während der WM in den Spielstätten Nordrhein-Westfalens als in den beiden Stadien Bayerns?

d) Wie viele Zuschauerplätze gab es während der WM in allen Stadien zusammen?

e) Wie groß war die Differenz der Zuschauerplätze des kleinsten und des größten Stadions der WM?

(f) Weißt du, warum sich die Anzahl der Plätze bei den WM-Spielen und bei Bundesligaspielen unterscheidet?

(2) Zuschauerplätze in einigen Stadien der Bundesliga

	München	Stuttgart	Frankfurt	Köln	Dortmund	Berlin	Gelsenkirchen
Plätze insgesamt	66 000	55 896	52 300	50 997	81 264	76 065	61 482
Sitzplätze		51 709	43 000			76 065	53 951
Stehplätze	13 600			4 863	27 589		

a) Übertrage die Tabelle in dein Heft. Berechne die fehlenden Angaben.

b) Bestimme die Anzahl aller Sitzplätze in den genannten Stadien.

c) Wie viel mehr Fans können ein Spiel in Dortmund sehen als in Berlin?

(d) Wie viele Spieltage müssen in Frankfurt ausverkauft sein, bis ungefähr 1 000 000 Karten verkauft sind?

1, 2 Schriftlich oder im Kopf im Zahlenraum bis 1 000 000 addieren und subtrahieren;
2 Informationen aus der Tabelle entnehmen, Tabelle ergänzen

E▸24 AH▸24 A▸24

Frankfurt am Main
48 000 / 52 300

Dortmund
66 000 / 81 264

Hannover
45 000 / 49 800

Gelsenkirchen
53 334 / 61 482

Leipzig
44 345 / –

Hamburg
50 000 / 55 000

Fußball-Weltmeisterschaften

Jahr	Land	Zuschauer	Spiele
1930	Uruguay	434 500	18
1934	Italien	395 000	17
1938	Frankreich	483 000	18
1950	Brasilien	1 337 000	22
1954	Schweiz	943 000	26
1958	Schweden	868 000	35
1962	Chile	776 000	32
1966	England	1 614 677	32
1970	Mexiko	1 673 975	32
1974	Deutschland	1 774 022	38
1978	Argentinien	1 610 215	38
1982	Spanien	1 856 277	52
1986	Mexiko	2 407 431	52
1990	Italien	2 527 348	52
1994	USA	3 568 567	52
1998	Frankreich	2 859 234	64
2002	Korea/Japan	2 724 604	64
2006	Deutschland	3 367 000	64

(3) Zuschauerzahlen bei Fußball-Weltmeisterschaften

a) Berechne den Unterschied der Zuschauerzahlen bei der WM 1974 und bei der WM 2006 in Deutschland.

b) Um wie viel stieg die Anzahl der Zuschauer von 2002 zu 2006?

c) Überlege dir eigene Fragen zu der Tabelle und notiere sie.
Stelle sie anschließend einem anderen Kind.

(4)

Camp Nou
Barcelona (Spanien)
98 772 Plätze,
davon 20 000 überdacht

a) Das größte Fußballstadion Europas befindet sich in Barcelona. Wie viele Plätze mehr hat es als das größte Stadion Deutschlands?

b) Das größte Fußballstadion der Welt befindet sich in Kolkata (Indien). Es hat 120 000 Plätze.
Vergleiche mit Barcelona.

Übrigens: Lange war das Maracaña-Stadion (Brasilien) mit bis zu 200 000 Plätzen das größte Fußballstadion der Welt.
Seit einem Umbau hat es jedoch nur noch 96 000 Plätze.

(5) Welche Stadien sind gemeint?

In mein Heimatstadion passen an einem normalen Spieltag 10 485 weniger Fans als in das Stadion von Gelsenkirchen.

Bei uns regnet es selten. Aber wenn, stehen 78 772 Fans im Regen.

Ich sitze lieber. Zum Glück gibt es bei uns im Stadion 26 086 mehr Sitzplätze als Stehplätze.

3–5 Schriftlich oder im Kopf im Zahlenraum bis 1 000 000 addieren und subtrahieren;
3 Tabelle auswerten und eigene Fragen zur Tabelle finden

E ▸ 24 AH ▸ 24 A ▸ 24

Das kann ich schon!

① Kilometer und Meter

a) Gib alle Längenangaben in Metern an.

b) Ordne alle Längenangaben der Größe nach.

S. 48, Nr. 1
a) 6,3 km = 6300 m

6,3 km | 8,060 km | $\frac{3}{4}$ km | $2\frac{1}{2}$ km | 0,85 km | 12 km 300 m | 0,085 km

② Meter, Zentimeter und Millimeter

Schreibe auf, welche Längenangaben gleich sind.

S. 48, Nr. 2
4 m 50 cm = ...

4 m 50 cm | 0,75 m | $2\frac{1}{2}$ m | 75 cm

54 mm | 450 cm | 705 cm | 5,4 cm | 7,05 m | 2,50 m | 1 000 mm | 1 m

③ Körper und Körpernetze

a) Zeichne das Würfelnetz ab. Male die am Würfel markierten Ecken mit der passenden Farbe im Netz an.

b) Zeichne ein anderes Würfelnetz. Male die Flächen, die sich im gefalteten Würfel gegenüberliegen, mit der gleichen Farbe an.

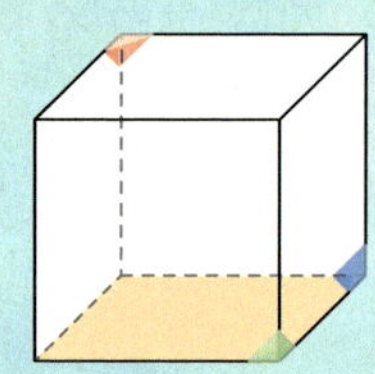

④ Körper und Körpernetze

a) Wie heißen die Körper?

A Bei meinem Körper gibt es vier Dreiecke und ein Quadrat als Flächen.

B Mein Körper hat dreieckige und rechteckige Flächen.

C Mein Körper hat keine Kanten.

D Mein Körper hat 9 Kanten und 6 Ecken.

E Mein Körper steht auf einer Kreisfläche.

F Mein Körper hat eine gewölbte Fläche und zwei gekrümmte Kanten.

b) Schreibe eigene Körperrätsel.

1 Längenangaben umwandeln und ordnen; **2** Gleiche Längenangaben finden;
3 Falten der Netze in der Vorstellung, Lösungen in die Netze einzeichnen

E▸25 A▸25

⑤ In der Stellentafel

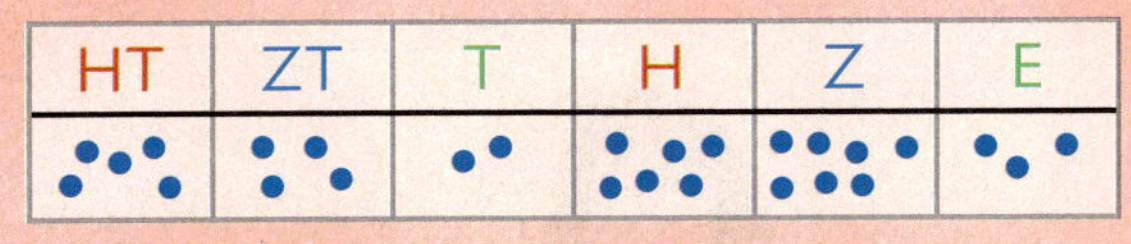

a) Wie heißt die Zahl?

b) Lege 2 Plättchen in einer Spalte dazu. Welche Zahlen können entstehen?

c) Nimm 2 Plättchen aus einer Spalte weg. Welche Zahlen können entstehen?

d) Du darfst 2 Plättchen in der Tabelle umlegen.
Notiere die größte und die kleinste Zahl, die dabei entstehen kann.

⑥ Super-Päckchen!

Rechne. Wie geht es weiter? Was fällt dir auf?

a) 610 253 + 10 007
630 253 + 20 007
650 253 + 30 007
______ + ______
______ + ______

b) 768 954 − 30 004
768 954 − 40 004
768 954 − 50 004
______ − ______
______ − ______

ⓒ Erfinde eigene Super-Päckchen.
Beschreibe, wie sich die Zahlen verändern.

⑦ Rechenwege

Rechne mit deinem Rechenweg.

a) 40 700 + 25 800
78 500 + 12 700
145 300 + 200 600

b) 76 800 − 32 300
58 090 − 16 030
678 200 − 300 400

c) 240 881 + 16 999
34 802 − 22 802
178 486 − 178 479

d) 807 400 + 102 300
718 900 − 509 300
620 000 + 310 000

⑧ Zahlen bilden – Schriftlich rechnen

3 7 6 5 4

Bilde aus den Ziffern die größtmögliche und die kleinstmögliche fünfstellige Zahl.
Bilde die Summe und die Differenz der beiden Zahlen.

⑨ Fehlende Ziffern ergänzen

Ergänze die fehlenden Ziffern und die Überträge.

a)
```
  6□96□
+□82□9
------
 96□74
```

b)
```
  18□73□
−  □3□87
-------
  871□5
```

c)
```
  □468□3
+1□5□9□
-------
  38□603
```

d)
```
  704278
−□□□□□□
-------
  314661
```

e)
```
  □38□21
+  □41□9
-------
  36□90□
```

5 Anzahlen der Plättchen stehen für die Ziffern einer Zahl; Anzahlen der Plättchen geschickt verändern;
8 Zahlen mit Ziffernkärtchen nach Anweisung bilden, schriftlich addieren und subtrahieren

E▸25 A▸27

Multiplizieren mit Stufenzahlen

① Rechenkonferenz

Erkläre, wie die Kinder rechnen.

② Multiplizieren mit Hunderterzahlen. Rechne geschickt.

(M)

a) 2 · 400, 4 · 400, 8 · 400
b) 3 · 200, 5 · 200, 8 · 200
c) 2 · 700, 4 · 700, 6 · 700
d) 7 · 300, 8 · 300, 9 · 300
e) 4 · 500, 6 · 500, 10 · 500

③ Multiplizieren mit Tausenderzahlen. Wie rechnest du hier?

(M)

a) 2 · 2000, 4 · 2000, 8 · 2000
b) 3 · 4000, 5 · 4000, 8 · 4000
c) 2 · 8000, 4 · 8000, 6 · 8000
d) 7 · 5000, 8 · 5000, 9 · 5000
e) 4 · 3000, 6 · 3000, 10 · 3000

(M) 8 · 2T = 16T

ZT	T	H	Z	E
1	6	0	0	0

④ **a)**

· 600 →	
2	
4	
6	
8	
10	

b)

· 800 →	
3	
6	
7	
	6400
	7200

c)

· 7000 →	
2	
4	
6	
8	
10	

d)

· 6000 →	
3	
5	
7	
	48000
	54000

e)

· 9000 →	
	27000
4	
	45000
6	
	72000

⑤ Bilde Aufgaben, deren Ergebnis mindestens 2000 und höchstens 3000 beträgt.

200 · 6 500 300 · 4 [ ] · 5 · 8 700 600 · 7

1 Rechenkonferenz; **2–4** Rechnen mit dem eigenen Rechenweg, Nutzen von Beziehungen innerhalb der Päckchen hilft beim Rechnen

E ▸ 26 AH ▸ 25 A ▸ 26

6 Rechne.

a)	b)	c)	d)	e)
4 · 6	3 · 7	5 · 9	7 · 8	9 · 4
4 · 60	3 · 70	5 · 90	7 · 80	9 · 40
4 · 600	3 · 700	5 · 900	7 · 800	9 · 400
4 · 6000	3 · 7000	5 · 9000	7 · 8000	9 · 4000
4 · 60000	3 · 70000	5 · 90000	7 · 80000	9 · 40000

7 Rechne immer zuerst die leichte Aufgabe aus dem kleinen Einmaleins.

a)	b)	c)	d)	e)
2 · 70	6 · 300	8 · 200	5 · 5000	4 · 80
2 · 7000	6 · 30	8 · 20000	5 · 500	4 · 80000
2 · 70000	6 · 3000	8 · 2000	5 · 50	4 · 800
2 · 700	6 · 30000	8 · 20	5 · 50000	4 · 8000

8 Viele Nullen! Beginne immer mit der leichtesten Aufgabe.

a)

	HT	ZT	T	H	Z	E
4 · 60				2	4	0
40 · 60			2	4	0	0
400 · 60		2	4	0	0	0
4000 · 60	2	4	0	0	0	0

b)	c)	d)	e)	f)
2 · 90	5 · 70	800 · 30	7000 · 60	100 · 80
20 · 90	50 · 70	80 · 30	70 · 60	1000 · 80
200 · 90	500 · 70	8 · 30	700 · 60	10 · 80
2000 · 90	5000 · 70	8000 · 30	7 · 60	1 · 80

9 Achte auf die Nullen!

a)	b)	c)	d)	e)
20 · 90	600 · 50	400 · 4	2000 · 90	500 · 700
30 · 40	500 · 70	900 · 8	6000 · 50	900 · 600
40 · 70	300 · 40	600 · 2	8000 · 60	400 · 300
80 · 60	100 · 90	700 · 3	4000 · 70	700 · 200

10 Finde alle passenden Aufgaben.

a) 240000	b) 560000	c) 420000	d) 360000
4 · 60000	___ · ___	___ · ___	___ · ___
40 · 6000	___ · ___	___ · ___	___ · 4000
___ · ___	700 · 800	___ · ___	___ · ___
___ · ___	___ · ___	___ · ___	___ · ___
40000 · ___	___ · ___	60000 · ___	___ · ___

6–10 Multiplizieren größerer Stufenzahlen, Nutzen von Analogien; **8** Als Hilfe für den Umgang mit den Nullen kann eine Stellentafel genutzt werden: Durch Multiplikation mit 10 rücken alle Ziffern in der Stellentafel um eine Stelle nach links

E▸26 AH▸25 A▸26

Halbschriftlich multiplizieren

① Rechenkonferenz

5 · 1249

Vergleiche die Rechenwege.

② Überlege bei jeder Aufgabe, für welchen Rechenweg du dich entscheidest.

a)	b)	c)	d)	e)
4 · 500	3 · 3250	9 · 7843	6 · 32417	3 · 99999
6 · 309	7 · 6100	4 · 12499	0 · 46327	5 · 26846
2 · 199	5 · 4269	1 · 19763	8 · 59001	8 · 25000

0 398 1854 2000 9750 9999 19763 21345 42700 49996 70587 134230 194502 200000 299997 472008

③ Rechne. Bilde für jedes Päckchen die Summe der Ergebnisse. Was fällt dir auf?

a)	b)	c)	d)	e)
6 · 6323	3 · 2874	2 · 5039	5 · 1916	4 · 3399
4 · 6323	7 · 2874	8 · 5039	3 · 1916	1 · 3399
			2 · 1916	5 · 3399

ⓕ Findest du eine Erklärung?

ⓖ Erfinde eigene Päckchen mit einem solchen Muster.

④

Das Ergebnis einer Multiplikationsaufgabe nennt man Produkt.

Wenn du die Zahlen 5 und 1234 multiplizierst, erhältst du meine Zahl.
Vedat

Addiere das Produkt aus 3 und 608 zu dem Produkt aus 79693 und 0.
Eva

Berechne das Produkt aus 6 und 394.
Sina

Subtrahiere 864 von dem Produkt aus 7 und 2049.
Lea

Addiere 8642 zu dem Produkt aus 4 und 2468.
Jan

1 Rechenkonferenz: Übertragen der bekannten Rechenwege in den größeren Zahlenraum;
2 Halbschriftliches Rechnen, geschicktes Kopfrechnen

E▸27 AH▸26 A▸27

Sachrechnen – In der Großbäckerei

① In einer Großbäckerei werden an 6 Tagen in der Woche tausende Brote, Brötchen und andere Produkte gebacken. So entstehen zum Beispiel stündlich 2156 Weizenbrötchen. Die Backstraße ist von 2 Uhr morgens bis 9 Uhr in Betrieb.
Roggenbrötchen werden auf einer anderen Backstraße von 4 Uhr bis 8 Uhr gebacken. In einer Stunde werden 1396 Stück produziert.

a) Wie viele Weizenbrötchen werden pro Tag gebacken?

b) Wie viele Roggenbrötchen werden in einer Woche produziert?

② Brezeln werden in 5 großen Backöfen gebacken, in die 7 Bleche auf einmal passen. 9-mal pro Tag wird jeder der 5 Öfen für Brezeln benutzt.

a) Wie viele Brezeln passen in einen Backofen, wenn 18 Brezeln auf ein Blech passen?

b) Wie viele Brezeln werden an einem Tag gebacken?

③ Die Großbäckerei produziert auch süßes Gebäck, unter anderem Apfeltaschen. Sie werden in einem Backofen gebacken, der 8 volle Bleche mit je 32 Gebäckstücken fasst. Apfeltaschen werden 7-mal am Tag gebacken.

④ Die Nachfrage der Kunden nach Bio-Produkten steigt ständig. So verarbeitet das Unternehmen derzeit unter anderem etwa 15 000 Kilogramm Bio-Weizenmehl, 4 500 Kilogramm Bio-Roggenmehl und 1 590 Liter Bio-Buttermilch im Monat.

Wie groß sind die verarbeiteten Mengen in einem halben Jahr? Wie groß in einem Jahr?

Bio nach EG-Öko-Verordnung

⑤ In der Großbäckerei werden Brote und Gebäck für 80 Filialen gebacken und für den Transport zusammengestellt. In einer der Filialen werden an einem Tag 176 Weizenbrötchen für je 40 Cent, 98 Roggenbrötchen für je 60 Cent und 62 Brezeln für je 80 Cent verkauft.

Wie hoch sind die Einnahmen aus Brötchen und Brezeln an diesem Tag?

Schriftlich multiplizieren

①

T	H	Z	E		
2	4	3	2	·	4
			8		

T	H	Z	E		
2	4	3	2	·	4
		2	8		

T	H	Z	E		
2	4	3	2	·	4
	7	2	8		

T	H	Z	E		
2	4	3	2	·	4
9	7	2	8		

4 · 3Z = 12Z
Schreibe 2.
Merke 1H.

4 · 4H = 16H
16H + 1H = 17H
Schreibe 7.
Merke 1T.

4 · 2T = 8T
8T + 1T = 9T
Schreibe 9.

Erkläre, wie Super M rechnet.

② Multipliziere schriftlich. Hier gibt es keinen Übertrag.

a) 4342 · 2
3131 · 3
1221 · 4
2312 · 2
3233 · 3

b) 1432 · 2
2133 · 3
1323 · 3
2212 · 4
2112 · 4

S. 54, Nr. 2
a) T H Z E
4 3 4 2 · 2
8 6 8 4

2864 3969 4624 4752 4884 6399 8684 8448 8848 9393 9699

③ Hier gibt es einen Übertrag.

a) 1218 · 4
9423 · 2

b) 1121 · 8
8111 · 6

c) 1161 · 5
9111 · 7

d) 11922 · 4
52121 · 3

e) 12532 · 3
92412 · 2

4872 5805 8968 18846 19333 37596 47688 48666 63777 156363 184824

④ Hier können es auch mehrere Überträge sein.

a) 263 · 3
1614 · 6
6132 · 4

b) 224 · 4
2468 · 3
3579 · 5

c) 436 · 6
9562 · 7
1743 · 8

d) 1378 · 4
26347 · 5
34762 · 7

e) 1919 · 5
62725 · 3
99999 · 9

789 896 2616 5512 7404 9595 9684 10248 13944 17895 24528 66934 131735 188175 243334 899991

⑤ Multipliziere. Achte besonders auf die Nullen.

a) 2407 · 2
4062 · 8
4290 · 7
8100 · 6

b) 3026 · 3
2007 · 9
14070 · 6
23402 · 4

c) 5208 · 5
7090 · 6
30471 · 8
26009 · 7

S. 54, Nr. 5
a) T H Z E
2 4 0 7 · 2
1 4

2 · 0Z = 0Z
0Z + 1Z = 1Z
Schreibe 1.

4814 9078 18063 24316 26040 30030 32496 42540 48600 84420 93608 182063 243768

1–4 Kennenlernen und Üben der schriftlichen Multiplikation; Methoden zum Behalten des Übertrags (Merkzahl) besprechen; **5** Umgang mit der Null im 1. Faktor besprechen

E▸28 AH▸27 A▸28

6 Überschlage zuerst. Rechne dann genau.

S. 55, Nr. 6
a) Ü: 3000 · 3 = 9000
2913 · 3
8739

Zuerst der Überschlag mit einer Zahl in der Nähe von 2913, mit der ich einfach rechnen kann.

a) 2913 · 3	b) 3741 · 3	c) 15362 · 2	d) 29708 · 6
4843 · 7	8096 · 4	20546 · 9	48234 · 3
7425 · 8	6318 · 6	41642 · 4	97019 · 7
5114 · 9	2406 · 3	32123 · 6	41802 · 5

M Der Überschlag hilft, Rechenfehler zu erkennen! Kontrolliere auch die Endstelle der Ergebniszahl.

7 In jedem Päckchen sind zwei Produkte falsch berechnet.
Finde sie durch Überschlagen. Berechne diese Produkte richtig.

a) 2046 · 7 = 19222	b) 8096 · 6 = 48576	c) 29789 · 7 = 308523
3279 · 4 = 13116	4925 · 8 = 31400	80235 · 4 = 320940
5714 · 5 = 24570	3106 · 9 = 27954	106428 · 5 = 532140
7438 · 3 = 22314	11782 · 3 = 32346	291452 · 3 = 780356

8 Prüfe, welche Fehler beim Rechnen passiert sind. Löse die Aufgaben richtig in deinem Heft.

A Fehler im Einmaleins | B Übertrag vergessen | C Übertrag in das Ergebnis geschrieben

a)	b)	c)	d)	e)
1853 · 6	5298 · 4	3706 · 5	8149 · 3	6081 · 8
11124	20892	185030	24347	480648

9 Immer zwei Aufgaben haben das gleiche Ergebnis. Findest du sie, ohne schriftlich zu rechnen?

A 4024 · 6 | B 12468 · 3 | C 15495 · 6 | D 9777 · 7 | E 30105 · 9

F 18594 · 5 | G 22813 · 3 | H 3018 · 8 | I 90315 · 3 | J 18702 · 2

10 Bilde Aufgaben, deren Ergebnis mindestens 30000 und höchstens 40000 beträgt.

6234 | ·9 | ·7 | ·5 | 4275 | ·4 | 8414 | ·3 | 5768 | 3927 | ·6 | 12346

Schriftlich multiplizieren mit großen Zahlen

1 473 · 40

Vergleiche die Rechnungen von Eva und Ali.

2 Überschlage zuerst. Rechne dann wie Ali.

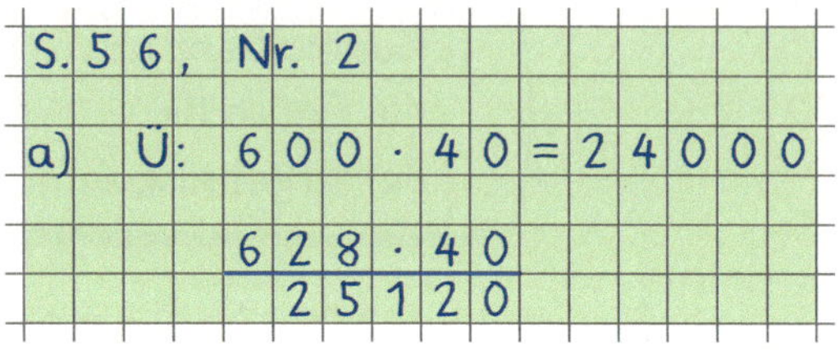

a) 628 · 40
279 · 60
593 · 80
831 · 30

b) 3796 · 50
2207 · 70
7183 · 90
6305 · 40

c) 12086 · 30
28417 · 80
51802 · 50
82319 · 60

3 Rechne. Ergänze die fehlenden Zahlen so, dass beide Aufgaben das gleiche Ergebnis haben.

a) 516 · 30
258 · 60

b) 1008 · 40
504 · 80

c) 642 · 20
321 · __

d) 1424 · 30
712 · __

e) 8264 · 20
4132 · __

4 473 · 43

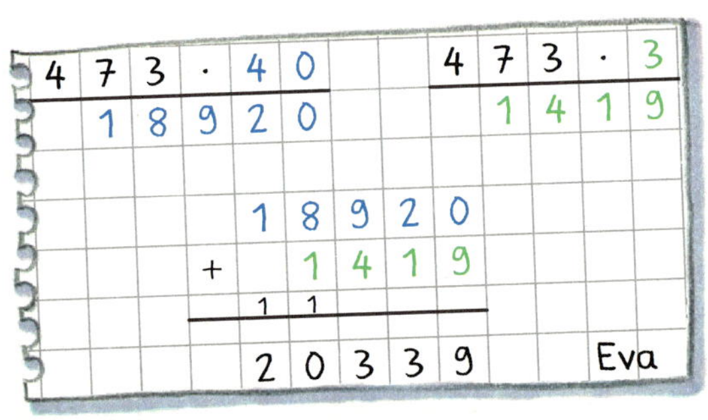

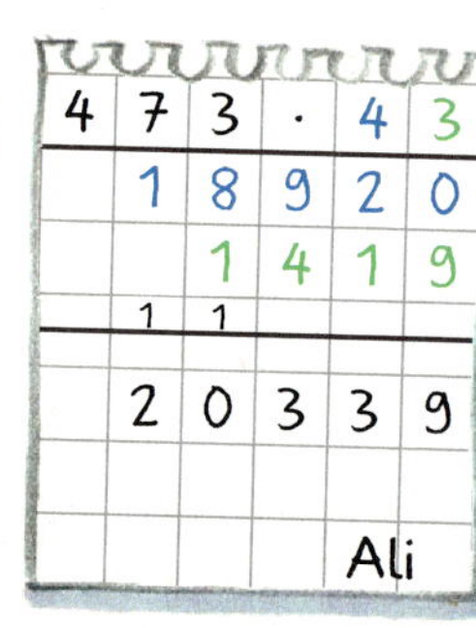

Erkläre, wie Eva und Ali hier gerechnet haben.

5 Überschlage. Rechne schriftlich wie Ali.

a) 743 · 22
632 · 35
385 · 73
407 · 67

b) 537 · 54
821 · 81
303 · 42
482 · 96

c) 8564 · 19
4147 · 23
2741 · 34
5362 · 46

d) 9025 · 27
3727 · 42
7048 · 74
6382 · 65

e) 16492 · 31
28163 · 52
82603 · 61
99999 · 99

6 Rechne. Die Tauschaufgabe kann dir helfen.

a) 7415 · 60
2184 · 18

b) 5026 · 48
63 · 2609

c) 36 · 1207
3816 · 26

d) 4691 · 80
72 · 9341

e) 7937 · 11
8290 · 22

1 Schriftliches Multiplizieren mit Zehnerzahlen; **4** Schriftliches Multiplizieren mit gemischten zweistelligen Zahlen; **6** Die Rechnung wird kürzer, wenn der zweite Faktor der kleinere ist

E▶29 AH▶28 A▶29

7 Schöne Ergebnisse. Setze fort.

a)		b)	
13 · 77		1212 · 99	
26 · 77		2323 · 99	
39 · 77		3434 · 99	
⋮		⋮	
78 · 77		6767 · 99	

1	3	·	7	7
		9	1	
			9	1
	1	1		
	1	0	0	1

8 Rechne. **Tipp:** Immer drei Aufgaben haben das gleiche Ergebnis.

712 · 32   496 · 12   1860 · 5   1684 · 25   1424 · 16   2105 · 20

256 · 85   248 · 24   930 · 10   124 · 48   842 · 50   372 · 25

9

4	7	3	·	2	4	3
		9	4	6		
		1	8	9	2	
			1	4	1	9
		1	1			
	1	1	4	9	3	9

Auch bei großen Zahlen: Beginne mit dem Schreiben unter der Ziffer, mit der du multiplizierst.

a)	b)
473 · 243	1622 · 169
819 · 626	2817 · 213
297 · 347	3251 · 218
506 · 452	6024 · 123
307 · 817	5203 · 186
414 · 414	2621 · 362

10 a) Erkläre.

4	7	3	·	2	0	3
		9	4	6		
			0	0	0	
			1	4	1	9
			1			
		9	6	0	1	9

4	7	3	·	2	3	0
		9	4	6		
		1	4	1	9	
				0	0	0
	1					
	1	0	8	7	9	0

b) Rechne.

287   849   1635   6221   ·   407   470   306   360

11 Welche Fehler wurden gemacht? Ordne zu. Rechne im Heft richtig.

Maria:

5	4	3	·	4	7
	2	1	7	2	
		3	8	0	1
		1			
	2	5	4	2	1

Lea:

7	2	1	·	6	4
	4	3	2	6	
	2	8	8	4	
	1	1	1		
	7	2	1	0	

Tim:

4	2	6	·	3	8	0
	1	2	7	8		
		3	4	0	8	
		1	1			
	1	6	1	8	8	

Max:

2	1	9	·	8
	1	6	8	2

Vedat:

3	8	6	·	4
	1	5	4	8

A Übertrag vergessen

B Null am Ende vergessen

C Multiplikationsfehler

D Additionsfehler

E falsch untereinander geschrieben

Im Kopf oder schriftlich rechnen?

1

Die Kinder rechnen unterschiedlich. Erkläre, warum man einige Aufgaben schneller im Kopf und andere schneller schriftlich rechnen kann.

2 Im Kopf oder schriftlich? Rechne möglichst einfach. Notiere deinen Rechenweg.

a)	b)	c)	d)	e)
3 333 · 2	3 999 · 6	8 764 · 1	97 215 · 4	23 000 · 3
5 555 · 9	9 699 · 8	9 999 · 7	15 001 · 5	11 998 · 4
1 111 · 7	4 070 · 7	12 842 · 5	48 732 · 10	34 028 · 6
2 222 · 4	8 633 · 4	24 010 · 3	61 400 · 4	52 000 · 5

3

8 200 · 2	1 234 · 2	9 864 · 7
2 999 · 8	9 376 · 5	4 743 · 6
12 100 · 3	80 888 · 8	7 999 · 6
31 420 · 5	6 001 · 7	15 742 · 4
79 694 · 0	9 002 · 4	6 340 · 10

a) Suche zuerst die Aufgaben heraus, die du schneller im Kopf rechnen kannst. Notiere sie mit Ergebnis im Heft.

b) Rechne die übrigen Aufgaben schriftlich im Heft.

4 Stelle selbst Aufgaben zusammen, sortiere und rechne.

1 Rechenkonferenz; 2 Geschickt im Kopf, halbschriftlich oder schriftlich rechnen; 3 Im Kopf oder schriftlich rechnen; 4 Gewonnene Einsichten nutzen; Kopfrechenstrategien vorstellen

E ▸ 30 AH ▸ 29 A ▸ 30

Multiplizieren von Kommazahlen

1

Die Klasse 4 a kauft die Getränke für ihr Klassenfest ein.
Vor dem Einkauf berechnen sie die Kosten für die Getränke.

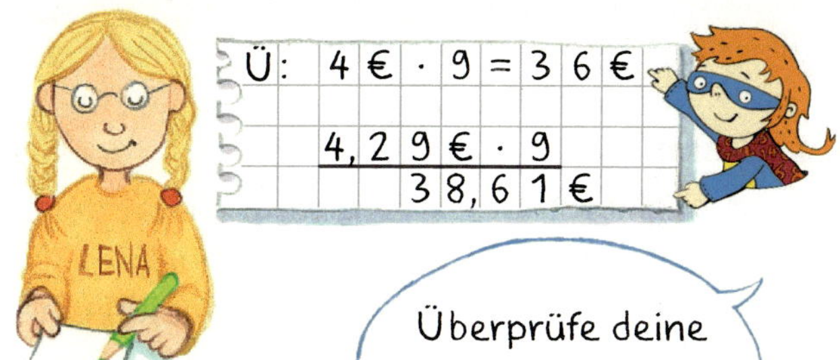

a) Beschreibe die Rechenwege von Max und Lena.

b) Wie viel kosten die Getränke ohne Pfand?

c) Wie viel muss die Klasse für den gesamten Einkauf mit Pfand bezahlen?

2 Nach dem Klassenfest sind 3 Kästen Wasser und 2 Kästen Apfelsaft übrig.
Tims Mutter kauft der Klasse die restlichen Getränke ab. Auch das Pfand muss sie bezahlen.

3 Im Getränkemarkt will Frau Schmidt 4 Kästen Wasser und 3 Kästen Vitaminsaft für das Lehrerzimmer besorgen. In der Lehrer-Kasse sind noch 70 Euro.

a) Überschlage, ob das Geld reicht. Denke an das Pfand.

b) Wie viel muss Frau Schmidt genau bezahlen?

4 Rechne schriftlich wie Lena.

a)	b)	c)
9,99 € · 8	121,19 € · 2	45,29 € · 12
12,24 € · 6	630,45 € · 9	53,87 € · 36
16,48 € · 3	356,08 € · 4	60,95 € · 28
35,25 € · 7	599,10 € · 5	621,09 € · 17
26,18 € · 5	248,50 € · 8	732,81 € · 12

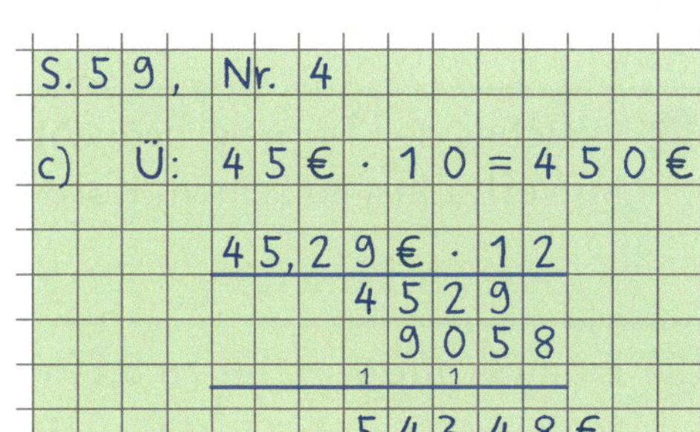

1 Schriftliches Multiplizieren von Kommazahlen; der Überschlag hilft, das richtige Setzen des Kommas im Ergebnis der schriftlichen Rechnung zu überprüfen

E ▸ 30 AH ▸ 29 A ▸ 30

Sachrechnen – Im Zoo

GIRAFFE

Lebensraum:	Savanne in Afrika
Nahrung:	Blätter, Gras, kleine Zweige, bis 80 kg pro Tag
Alter:	bis 30 Jahre
Gewicht:	bis zu 800 kg
Größe:	bis zu 5,80 m hoch

AFRIKANISCHER ELEFANT

Lebensraum:	Savanne südlich der Sahara
Nahrung:	Gräser, Wurzeln, Äste, Früchte, bis 250 kg pro Tag
Alter:	bis 70 Jahre
Gewicht:	bis zu 5 000 kg
Größe:	bis zu 3 m hoch

FLUSSPFERD

Lebensraum:	Afrika
Nahrung:	Pflanzen, bis 50 kg pro Tag
Alter:	bis 40 Jahre
Gewicht:	bis zu 4 500 kg
Größe:	bis zu 1,50 m hoch und 4 m lang

1 a) Der Zoo hat drei Elefanten.
Wie viel Kilogramm Futter braucht der Zoo an einem Tag für seine Elefanten?
Wie viel in einer Woche? Wie viel in einem Jahr?

b) Um genügend Nahrung zu sich zu nehmen, verbringen Elefanten jeden Tag 17 Stunden mit Fressen.
Wie viele Stunden sind das im Januar?
Vergleiche mit der Zeit, die du mit Essen verbringst.

2 a) Im Zoo leben auch fünf Giraffen.
Der Tierpfleger bestellt Futter für die nächste Woche. Wie viel wiegt es etwa?

b) Im November hatte der Zoo noch eine Giraffe weniger.
Wie viel Kilogramm Futter hat der Zoo im November für seine Giraffen verbraucht?

3

Täglicher Speiseplan für ein Flusspferd

17 kg Äpfel	21 kg Gras
9 kg Salat	3 kg Gurken

Berechne, wie viel Kilogramm Äpfel, Salat, Gras und Gurken die beiden Flusspferde des Zoos in sechs Wochen verbrauchen.

4 Welches der Tiere verbraucht am meisten Futter im Verhältnis zu seinem Körpergewicht?

5 Eine Giraffe wird bis zu 5,80 m groß.
Wie groß werden fünf Giraffen?

1–4 Den Steckbriefen Informationen entnehmen, schriftliches Multiplizieren im Sachkontext üben; 4 Untersuchen, den wievielten Teil ihres Körpergewichts die Tiere täglich an Nahrung zu sich nehmen; 5 Aufgabenstellung genau lesen

E ▸ 31 AH ▸ 30 A ▸ 31

6 Die Klasse 4b hat 27 Schüler.
Sie unternimmt mit ihrer Lehrerin einen Ausflug in den Zoo.

a) Wie viel kostet der Eintritt?

b) Hin- und Rückfahrt kosten zusammen 3,80 € pro Person.
Wie teuer ist der Ausflug insgesamt?

Eintrittspreise

Erwachsene	11,40 €
Kinder	5,70 €
Gruppen (ab 15 Personen)	
Erwachsene	9,00 €
Kinder	4,50 €
Jahreskarten	
Erwachsene	57,50 €
Kinder	25,00 €
Familie	95,00 €
Öffnungszeiten	
April bis September	8–20 Uhr
Oktober bis März	9–17 Uhr

7 Mio geht mit zwei Freunden und seinem Vater in den Zoo.
In der Zeitung hat er einen Coupon für ermäßigten Eintritt entdeckt.

Wie viel sparen die vier gegenüber dem normalen Eintrittspreis?

Verbilligter Eintritt in den Zoo!
Erwachsene **nur 9,70 €**
Kinder **nur 3,50 €**
Einfach ausschneiden und zum Zoobesuch mitbringen!

8 Familie Schulze (2 Erwachsene, 2 Kinder) möchte den Zoo besuchen. Sie überlegen, eine Jahreskarte zu kaufen.

Wie oft muss die Familie in einem Jahr den Zoo besuchen, damit sich eine Jahreskarte lohnt?

9 Der Zoo hat an jedem Tag im Jahr geöffnet.
Wie viele Stunden sind das?

10

Besucherrekord im Zoo
Sommerliche Temperaturen bescherten dem Zoo gestern 5 742 Besucher. Darunter waren 3 269 Kinder.
Wie Zoodirektor Waran erklärte, brachte

Wie hoch waren die Tageseinnahmen?

Schreibe deine Überlegungen und Rechnungen übersichtlich auf. Stelle sie in der Klasse vor.

11 Erfinde eigene Zoo-Aufgaben.
Schreibe sie auf ein Blatt oder auf eine Karteikarte.
Notiere die Lösung auf der Rückseite.
Tauscht die Aufgaben in der Klasse aus.

10 Keine eindeutige Berechnung möglich; vor dem Rechnen müssen die gegebenen Informationen durch eigene sinnvolle Annahmen und Schätzwerte ergänzt werden; Bearbeitung in Kleingruppen bietet sich an, anschließende Diskussion in der Klasse

E▶31 AH▶30 A▶31

Tonne und Kilogramm

1

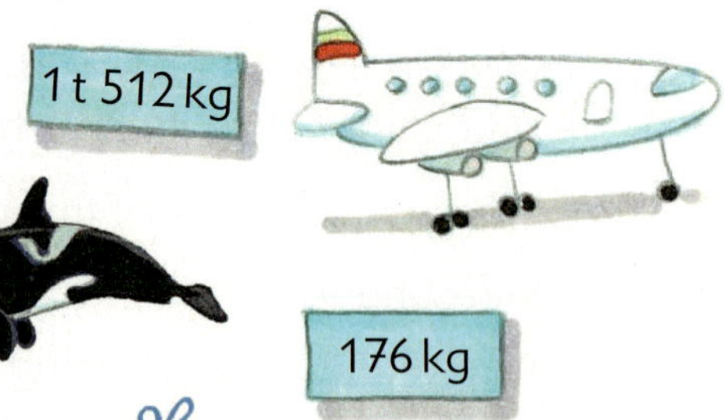

1 Tonne = 1 000 Kilogramm
1 t = 1 000 kg

a) Ordne die Gewichte zu.

b) Trage die Gewichtsangaben in eine Stellentafel ein. Wandle alle Angaben in Tonnen um.

c) Welches der abgebildeten Dinge ist am schwersten? Welche wiegen weniger als eine halbe Tonne?

S. 62, Nr. 1

			t		kg			
b)	Flugzeug	3	9	4	7	0	0	394,7 t

Das Komma trennt Tonne und Kilogramm.
6,500 t = 6 t 500 kg = 6 500 kg
kürzer: 6,5 t

2 Schreibe auf drei Arten. Die Stellentafel kann dir helfen.

a)		b)		c)	
	7 328 kg		9 000 kg		400 kg
	4 971 kg		9 007 kg		800 kg
	19 724 kg		9 070 kg		100 kg
	32 180 kg		9 700 kg		999 kg

S. 62, Nr. 2
a) 7 328 kg = 7 t 328 kg = 7,328 t

3 Wandle um in Kilogramm.

a)	b)	c)	d)	e)	f)
$\frac{1}{2}$ t	$1\frac{1}{2}$ t	1,345 t	0,5 t	1,25 t	3,001 t
$\frac{1}{4}$ t	$2\frac{3}{4}$ t	10,555 t	0,05 t	2,005 t	8,97 t
$\frac{3}{4}$ t	$5\frac{1}{4}$ t	6,175 t	0,25 t	4,75 t	5,3 t

4

Ein ICE hat 381 Sitzplätze und wiegt leer 405 t. Ist er voll besetzt, kommen leicht noch einmal 26 t hinzu.
Eine Boeing 747 bietet etwa genauso vielen Passagieren Platz (390 Plätze). Voll betankt und besetzt wiegt das Flugzeug bis zu 397 t.
Das neue Großraumflugzeug Airbus A380 kann 555 Passagiere befördern. Sein Gewicht beim Start darf maximal 560 t betragen.

a) Notiere die Gewichte der im Text genannten Verkehrsmittel in t und in kg.

b) Vergleiche das Gewicht eines voll besetzten ICEs mit dem maximalen Gewicht des Airbus A380.

1 Gewichte zuordnen, mit Hilfe der Stellentafel Gewichtsangaben in Tonnen umwandeln;
4 Dem Text Informationen entnehmen

E▸32 AH▸31 A▸32

Kilogramm und Gramm

1

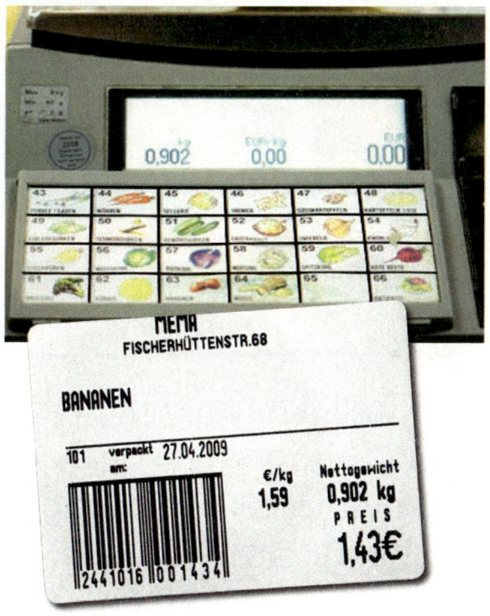

Nele kauft für ihre Mutter ein. Obst und Gemüse muss sie selbst wiegen. Bei den Bananen zeigt die Waage 0,902 kg an. Nele kauft noch mehr:

Äpfel	1,521 kg	Kartoffeln	2,073 kg
Lauch	0,832 kg	Champignons	0,309 kg
Möhren	1,234 kg	Knoblauch	0,042 kg

a) Trage der Größe nach geordnet in eine Stellentafel ein. Wie viel Gramm sind es jeweils?

b) Wie schwer ist der gesamte Einkauf? Kann Nele ihn allein tragen?

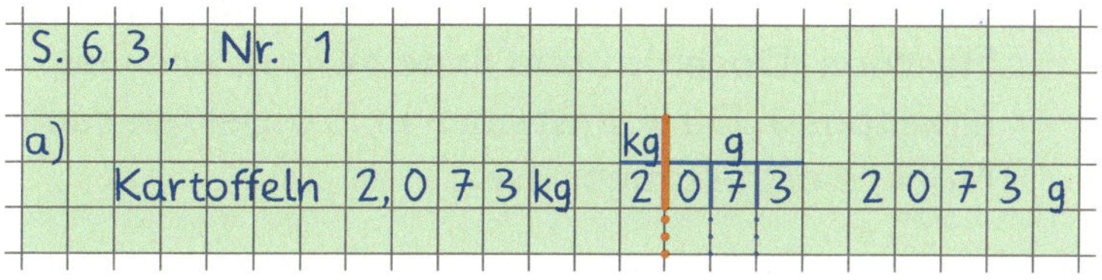

1 Kilogramm = 1 000 Gramm
1 kg = 1 000 g

Das Komma trennt Kilogramm und Gramm.
7,300 kg = 7 kg 300 g = 7 300 g
kürzer: 7,3 kg

2 Ergänze.

1 kg = ___ g $\frac{1}{4}$ kg = ___ g
$\frac{1}{2}$ kg = ___ g $\frac{3}{4}$ kg = ___ g

3 Ordne die Gewichtsangaben nach der Größe. Entscheide selbst, ob du alle Angaben in Kilogramm oder in Gramm umwandelst.

a) 4 350 g; 2,763 kg; 3 kg 720 g; 3,9 kg; 980 g

b) $\frac{3}{4}$ kg; 654 g; 0,704 kg; 0,070 kg; $\frac{1}{4}$ kg

c) 11 000 g; 15 kg; 9 kg 999 g; 12 371 kg; $9\frac{1}{4}$ kg

4 Wandle vor dem Rechnen in eine Einheit um.

a) 4,321 kg + 738 g + 2 kg 532 g
6 743 kg + $\frac{1}{2}$ kg + 3,829 kg

b) 12,603 kg − 999 g
9 kg 425 g − $\frac{3}{4}$ kg

5 In einer Bäckerei wird das 6 kg schwere Landbrot in vier etwa gleich große Stücke zerteilt und dann verkauft.
Das erste Stück wiegt 1,482 kg, das zweite 1,521 kg und das dritte 1,474 kg.
Wie viel wiegt das letzte Stück?

6 Eine ganze Wurst wiegt 3,200 kg. Am Vormittag verkauft der Metzger folgende Mengen: 175 g; $\frac{1}{4}$ kg; 300 g; 120 g; 0,460 kg.
Wie viel wiegt die Wust noch?

1 Gewichtsangaben in Gramm umwandeln, Gewicht in Bezug auf den eigenen Körper einschätzen;
3, 4 Zum Rechnen und zum einfacheren Vergleich alle Angaben in dieselbe Einheit umwandeln
E▸32 AH▸31 A▸32

Liter und Milliliter

①

250 ml 100 l 10 l 1 l 5 ml

Erinnere dich: Welche Menge an Flüssigkeit fassen die abgebildeten Gefäße?

Eine Flüssigkeitsmenge und das Fassungsvermögen von Behältern (das Volumen einer Flüssigkeit/eines Behälters) werden in Liter und Milliliter gemessen.

1 Liter = 1 000 Milliliter
1 l = 1 000 ml

② Schau dich um in Bad und Küche. Untersuche Flaschen, Dosen … und finde heraus, wie viel hineinpasst. Du kannst auch in Prospekten suchen. Notiere deine Ergebnisse.

③ Wie viele Milliliter sind es?

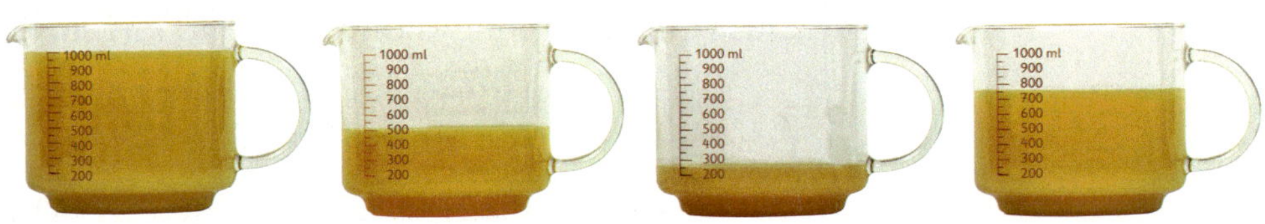

1 l = __ ml $\frac{1}{2}$ l = __ ml $\frac{1}{4}$ l = __ ml $\frac{3}{4}$ l = __ ml

$\frac{1}{8}$ l = 125 ml
Das kommt oft in Rezepten vor.

Das Komma trennt Liter und Milliliter.

	l		ml			
0,75 l		0	7	5	0	750 ml
1,2 l		1	2	0	0	1 200 ml

④ a) Schreibe in Millilitern.
2 l; 1,5 l; 3,12 l; 7,5 l; 0,550 l; 0,7 l; 0,2 l; 5,08 l; $1\frac{1}{2}$ l; $2\frac{3}{4}$ l

b) Schreibe in Litern.
8 000 ml; 1 300 ml; 6 425 ml; 3 020 ml; 500 ml; 105 ml; 10 ml; 5 ml; 225 ml; 1 ml

⑤ Schreibe auf drei verschiedene Arten.

a)	b)	c)
6 731 ml	7 l 100 ml	5,031 l
4 060 ml	2 l 250 ml	5,30 l
5 637 ml	1 l 10 ml	0,260 l

S. 64, Nr. 5
a) 6 7 3 1 ml = 6 l 7 3 1 ml = 6,7 3 1 l

⑥ Immer zwei Angaben ergänzen sich zu 1 l.

$\frac{1}{8}$ l	720 ml	$\frac{3}{4}$ l	0,1 l
280 ml	0,3 l	0,9 l	700 ml
875 ml	0,25 l	0,8 l	200 ml

⑦ Aus einer 1-l-Flasche werden folgende Gefäße gefüllt.
Wie viel Wasser bleibt jeweils in der Flasche übrig?

a) 2 Gläser (je 0,2 l) b) 4 Tassen (je 125 ml)
c) 3 Becher (je 0,3 l) d) 4 Gläser (je 0,25 l)

1 Sich Repräsentanten für verschiedene Volumina einprägen
E▸33 AH▸32 A▸33

1 Saft ist nicht gleich Saft

Je nach ihrem Anteil an Fruchtsaft werden Säfte unterschieden in *Fruchtsaft*, *Fruchtnektar* und *Fruchtsaftgetränke*. Nur Säfte, die aus reinem Fruchtsaft der entsprechenden Früchte bestehen, dürfen sich Fruchtsaft nennen. Reine Fruchtsäfte, die nach dem Pressen direkt abgefüllt werden, werden heute auch oft als *Direktsaft* verkauft.

a) Was kannst du dem Säulendiagramm entnehmen?

b) Lies aus dem Diagramm ab, wie viele Milliliter reinen Fruchtsaft die Getränke enthalten.
Der Rest besteht überwiegend aus Zuckerwasser.
Halte deine Ergebnisse in einer Tabelle fest.

S. 65, Nr. 1			
b)		reiner Fruchtsaft	Zuckerwasser
	1 l Apfelsaft	1000 ml	0 ml

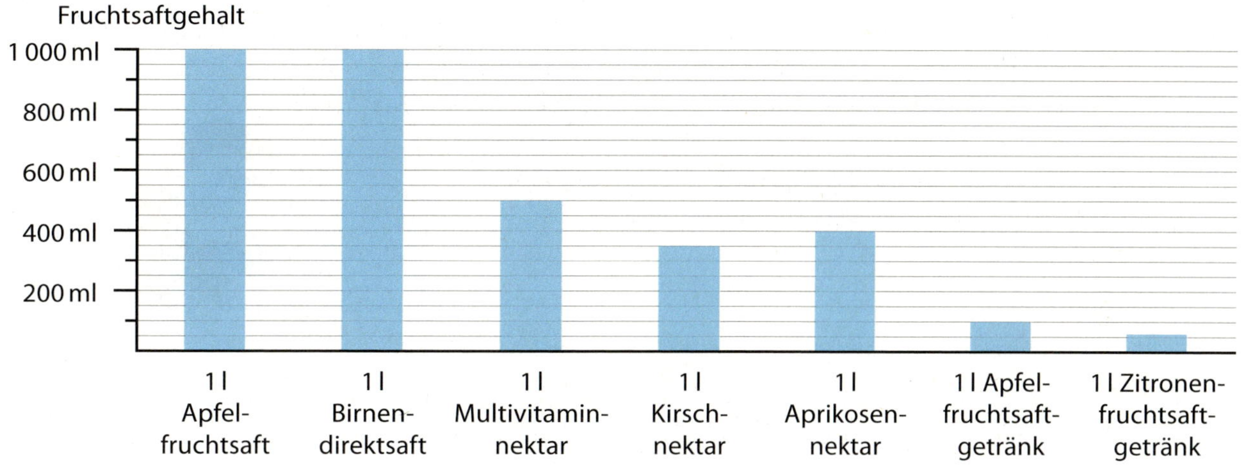

2 Trinken ist wichtig

Wenn du müde bist, dich schlecht konzentrieren kannst oder sogar Kopfschmerzen hast, hast du vielleicht zu wenig getrunken. Grundschulkinder sollten täglich etwa 1 l zuckerarme Flüssigkeit zu sich nehmen. Deinen Flüssigkeitsbedarf musst du aber nicht nur über Getränke decken – auch viele Lebensmittel enthalten Wasser.

750 ml*

950 ml*

940 ml*

780 ml*

820 ml*

830 ml*

400 ml*

450 ml*

* Wassergehalt pro kg

a) Erstelle ein Säulendiagramm, dem man entnehmen kann, wie viele Milliliter Wasser ein Kilogramm der Lebensmittel enthält.

b) Berechne den Wassergehalt in ml:
500 g Bananen, 250 g Pflaumen,
200 g Karotten, 600 g Wassermelone,
150 g Roggenbrot, 100 g Käse,
400 g Äpfel, 300 g Gurken

1 Für die einzelnen Getränke Fruchtsaft- und Zuckerwasser-Anteil in einer Tabelle festhalten;
2 Den Wassergehalt der Lebensmittel in einem Säulendiagramm darstellen

E ▸ 33 AH ▸ 32 A ▸ 33

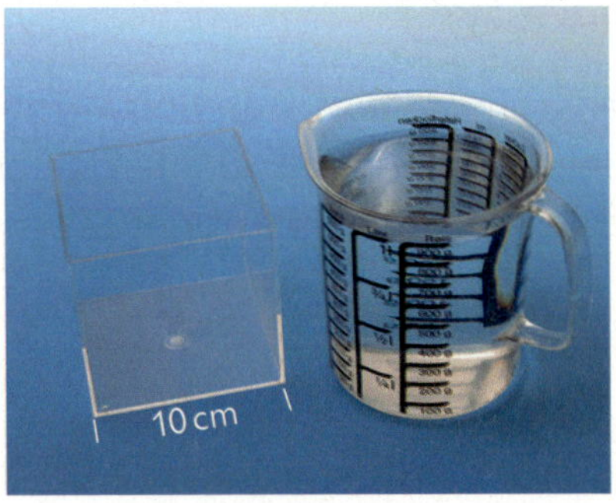

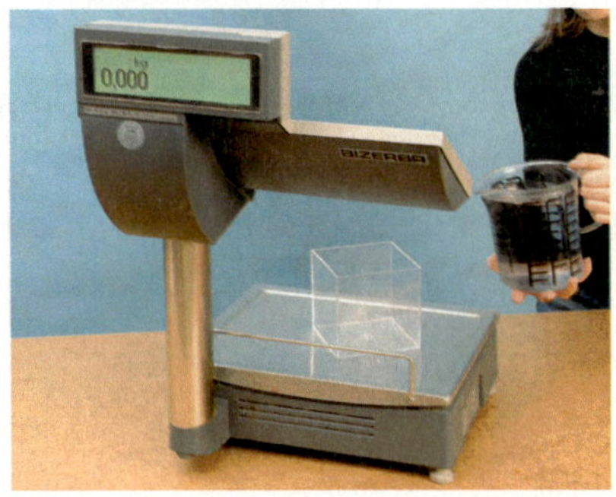

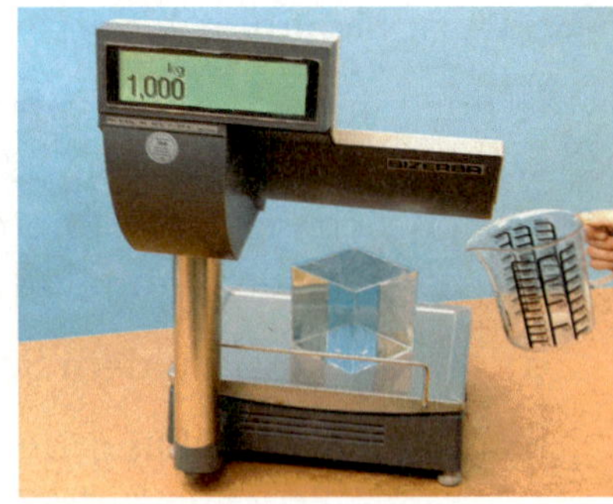

① a) Welche Maße hat der Würfel? Wie viel Wasser befindet sich im Messbecher?

b) Beschreibe, was du auf den Bildern siehst.

② Übertrage in dein Heft und ergänze.

Zu Beginn zeigt die Waage __ an.
Nachdem __ Liter Wasser umgefüllt wurde,
zeigt die Waage __ an.

Ich weiß jetzt:
1 l Wasser passt in einen Würfel mit __ Kantenlänge.
1 l Wasser wiegt __.

③ Wie viel wiegen diese Wassermengen?

a)	b)	c)	d)	e)
2 l	$\frac{1}{2}$ l	200 ml	0,125 l	0,3 l
3 l	$\frac{1}{4}$ l	100 ml	2,450 l	1,5 l
5 l	$1\frac{1}{2}$ l	50 ml	0,75 l	0,25 l
10 l	$\frac{3}{4}$ l	350 ml	5,25 l	0,9 l

④ Wie viele Zentimeter hoch steht das Wasser in einem Würfel mit der Kantenlänge 10 cm?

a) 1 l b) $\frac{1}{2}$ l c) $\frac{1}{4}$ l d) $\frac{3}{4}$ l e) 100 ml f) 900 ml

⑤ Herr Weiß kauft einen Kasten Mineralwasser.
In einem Pfandkasten befinden sich zwölf Glasflaschen mit je 0,7 l Inhalt. Frau Braun kauft sechs Kunststoffflaschen mit je 1,5 l Inhalt.
Eine leere Kunststoffflasche wiegt 40 g, eine leere Glasflasche 572 g. Der leere Kasten für die Glasflaschen hat ein Gewicht von 1,314 kg.

a) Wie viele Liter Wasser kauft Herr Weiß?
Wie viele Liter kauft Frau Braun?

ⓑ Wie viel wiegt der Einkauf von Frau Braun (Herrn Weiß)?

1, 2 Den Zusammenhang zwischen Volumen und Gewicht erarbeiten: 1 l Wasser wiegt 1 kg

E▸34 AH▸33 A▸34

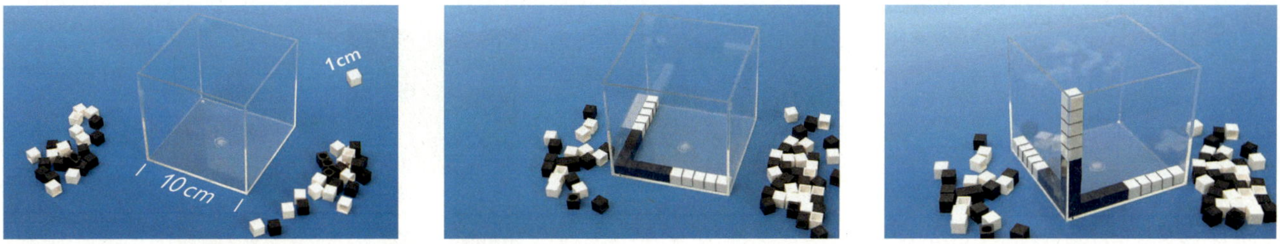

(6) **a)** Welche Maße hat der große Würfel? Welche Maße haben die kleinen Würfel?

b) Beschreibe, was du auf den Bildern siehst.

(7) Übertrage in dein Heft und ergänze.

> Ein Würfel mit der Kantenlänge ___ wird mit kleinen Würfeln mit der Kantenlänge ___ ausgelegt.
> Um den Boden des großen Würfels vollständig auszulegen, benötigt man ___ Zentimeterwürfel.
> In den großen Würfel passen insgesamt ___ Zentimeterwürfel.
> In den gleichen Würfel passen ___ ml Wasser.
> Ich weiß jetzt: ___ Zentimeterwürfel nehmen den gleichen Raum ein wie ___ ml Wasser.

(8) **a)** Wie viele Zentimeterwürfel passen in die Gefäße? Manchmal kannst du geschickt rechnen.

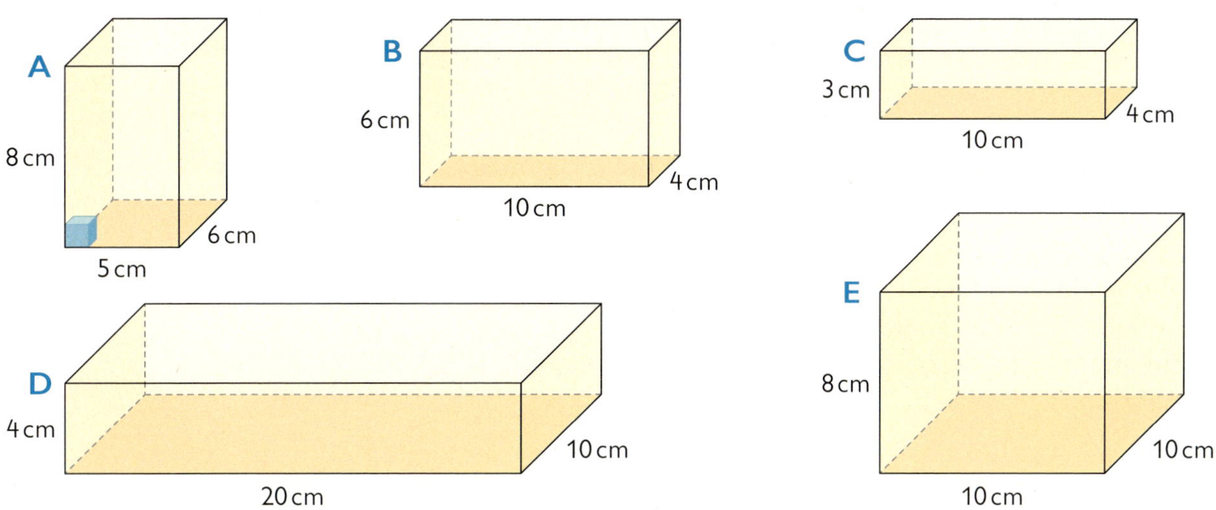

b) Wie viele Milliliter Wasser passen in die Gefäße? Gib auch in Litern an.

(9) **a)** Wie viele Liter Wasser passen in die Aquarien?

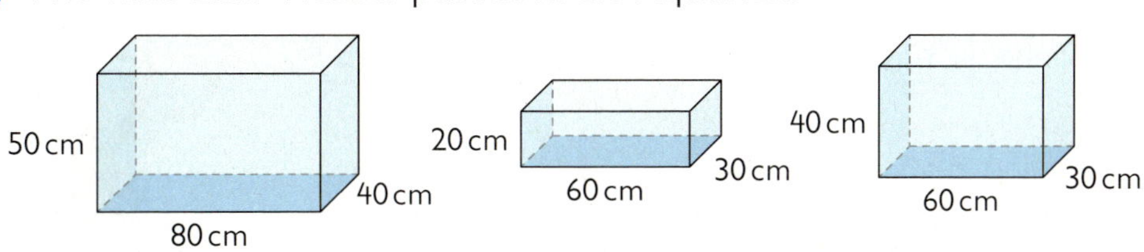

b) Herr Jung möchte ein Aquarium auf seine Kommode stellen.
Die Kommode darf mit maximal 90 kg belastet werden.
Er weiß, dass die leeren Aquarien 37,4 kg, 14 kg und 23,4 kg wiegen.

6, 7 Erarbeiten, dass 1000 ml Wasser den gleichen Raum einnehmen wie 1000 Zentimeterwürfel;
8, 9 Mit Hilfe der Zentimeterwürfel einfache Volumenberechnungen durchführen

E▸34 AH▸33 A▸34

Der rechte Winkel

(1) Der Faltwinkel

Der Faltwinkel ist ein rechter Winkel.
Die Kanten stehen senkrecht zueinander.
Rechte Winkel kennzeichnet man so: ⦜

Stell dir einen Faltwinkel her. Prüfe und notiere, wo du in deiner Umgebung rechte Winkel findest.

(2) Zeichne mit Geodreieck und Bleistift auf Papier ohne Kästchen …

a) … viele rechte Winkel.

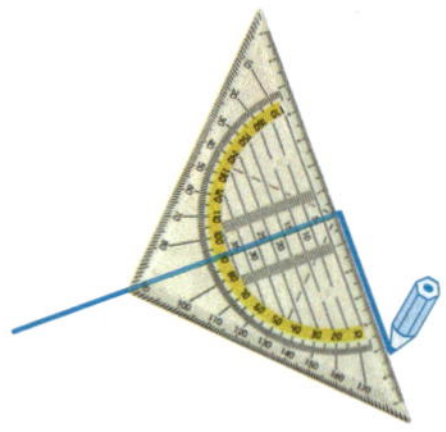

oder

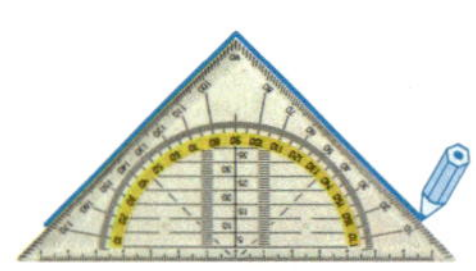

b) … viele zueinander senkrechte Geraden.

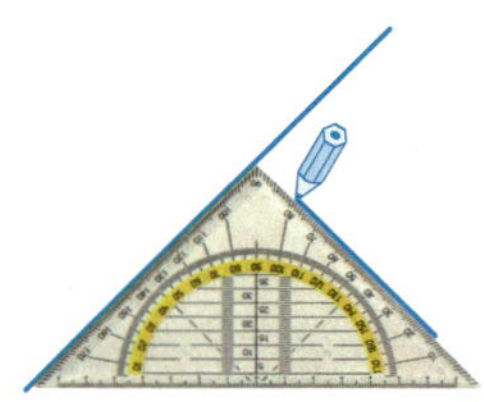

oder

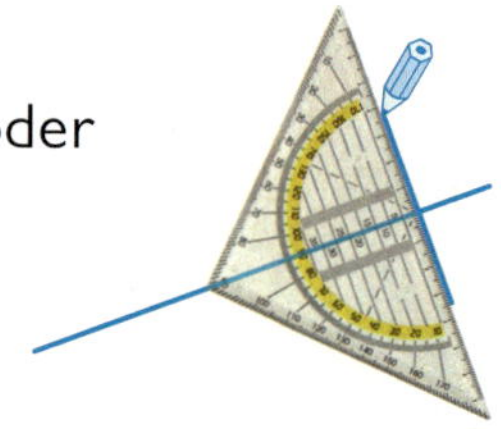

Mit welcher Methode wird deine Zeichnung genauer?

(3) Prüfe mit dem Geodreieck, welche Geraden senkrecht zueinander stehen.
Schreibe so: a ⊥ e

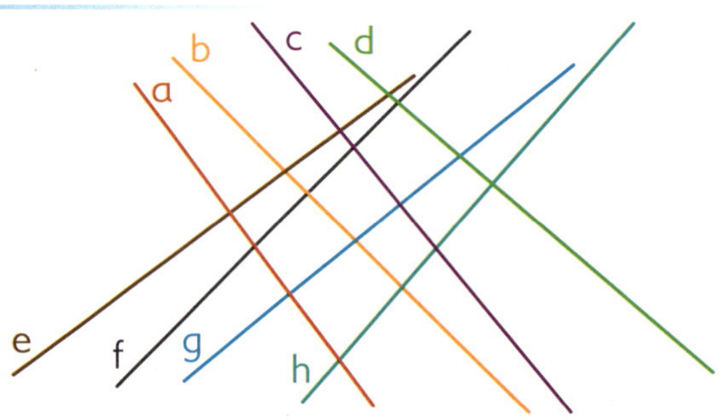

(4) Zeichne Rechtecke auf Papier ohne Kästchen.

	A	B	C	D	E
Länge	6 cm	4 cm	3 cm	3,5 cm	5,5 cm
Breite	3 cm	1 cm	3 cm	2,5 cm	4,5 cm

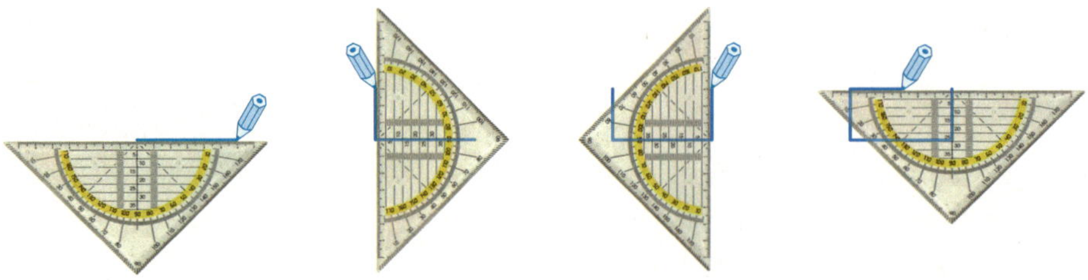

1 Aus einem unregelmäßig geformten Blatt Papier durch Falten einen rechten Winkel erzeugen, damit rechte Winkel in der Umwelt entdecken; **2** Mit verschiedenen Methoden rechte Winkel und senkrechte Geraden zeichnen

E▸35 AH▸34 A▸35

Parallele Geraden

① Falte. Du erhältst viele parallele Linien.

Linien, die überall den gleichen Abstand voneinander haben, sind zueinander parallel.

Wo in deiner Umgebung findest du parallele Linien?

42141204

② Zeichne auf Papier ohne Kästchen viele parallele Geraden. Beschreibe die verschiedenen Methoden. Probiere sie aus.

a)

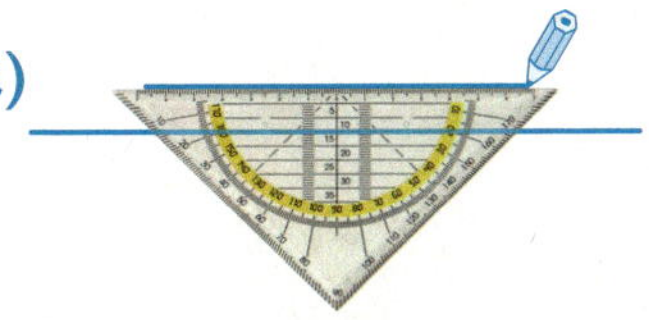

b)

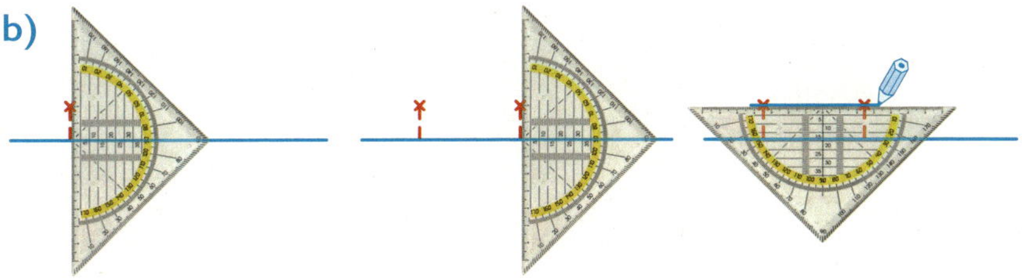

c)

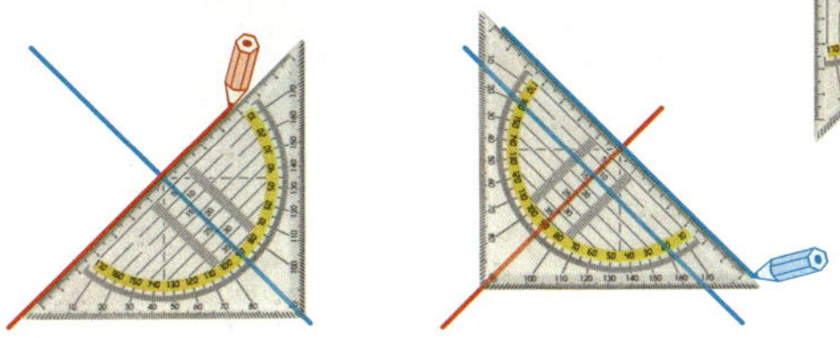

③ Zeichne auf Papier ohne Kästchen.

a) Zeichne zwei parallele Geraden mit dem Abstand 2 cm.

b) Zeichne vier parallele Geraden jeweils mit dem Abstand 1,5 cm.

c) Zeichne zwei parallele Geraden. Eine dritte Gerade soll senkrecht dazu verlaufen.

(d) Zeichne zwei parallele Geraden mit dem Abstand 1 cm. Zwei weitere zueinander parallele Geraden mit dem Abstand 0,5 cm sollen senkrecht zu ihnen verlaufen.

④ Zeichne diese Muster auf Papier ohne Kästchen und setze sie fort. Nimm die gleichen Maße wie im Buch. Male die Muster aus.

a)

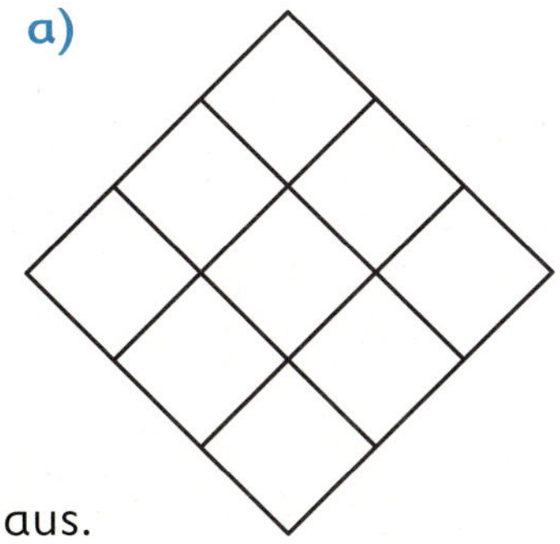

b)

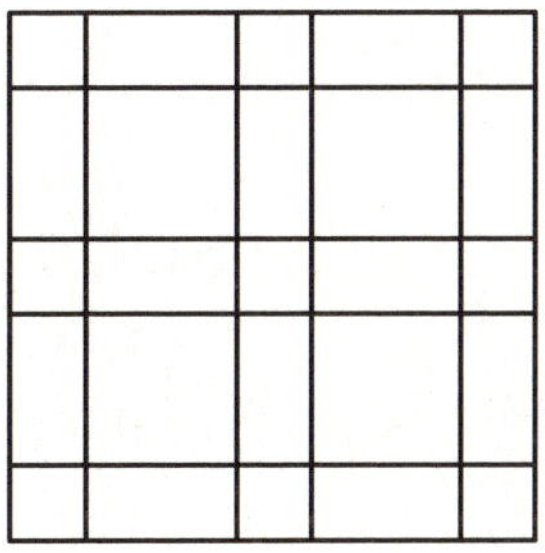

c)

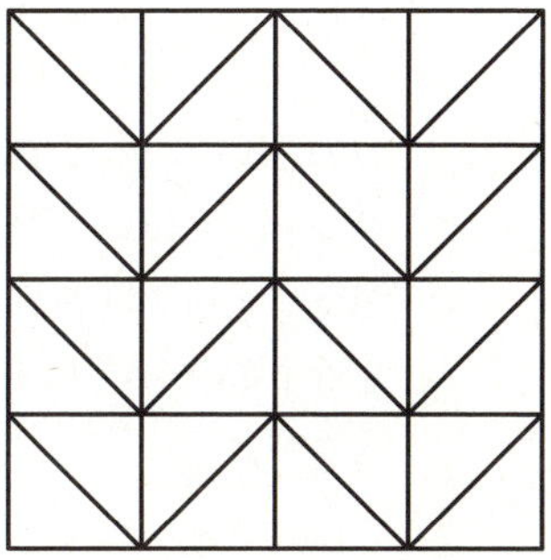

1 Parallele Linien in der Umwelt finden; 2 Verschiedene Methoden erproben, mit dem Geodreieck Parallelen zu zeichnen; 3 Zeichnen nach Anleitung

E▸35 AH▸35 A▸35

Das kann ich schon!

① Multiplizieren mit Stufenzahlen

a) 30 · 80	b) 7000 · 50	c) 900 · 50
3 · 800	700 · 50	9000 · 50
30 · 800	70 · 5	90 · 5
3000 · 80	7000 · 5	90 · 500

② Multiplizieren

Rechne mit deinem Rechenweg. Tauschaufgaben sind erlaubt.

a) 478 · 6	b) 3 · 2675	c) 4198 · 6	d) 24 · 346	e) 589 · 408
8 · 392	5 · 1498	4 · 9999	192 · 18	203 · 637

③ Multiplizieren mit Kommazahlen

Für eine Hecke werden 45 Pflanzen benötigt.

a) Schreibe eine Überschlagsrechnung.

b) Berechne den genauen Preis.

④ Sachrechnen

Zwei 4. Klassen (46 Kinder) haben bei einem Wettbewerb 250 € gewonnen. Sie wollen damit einen Ausflug in den Zoo bezahlen.

Der Eintritt kostet für jedes Kind 3,75 €.
Für die Busfahrt muss jedes Kind 2,15 € bezahlen.
Reicht das Geld?

⑤ Zahlenrätsel

Notiere deinen Rechenweg und das Ergebnis.

Wenn du von dem Produkt aus 765 und 8 die Zahl 121 subtrahierst, erhältst du die gesuchte Zahl. Lisa

Addiere zum Produkt aus 907 und 3 das Produkt aus 343 und 4. Noah

Verdopple das Produkt aus 23 und 24, dann erhältst du meine Zahl. Max

1 Unter Nutzung von Analogieaufgaben im Kopf multiplizieren

E▸36 A▸36

⑥ Tonne und Kilogramm

a) Ordne zu: Welches Tier wiegt wie viel?

b) Ordne die Gewichte der Größe nach.

600 kg | 30 kg | 3 400 kg | 5 kg | 5,4 t | 180 t 500 kg

⑦ Immer drei Schreibweisen

a)
7,550 t = ___ t ____ kg = _____ kg
12,5 t = ___ t ____ kg = _____ kg
1,705 t = ___ t ____ kg = _____ kg
0,375 t = ___ t ____ kg = _____ kg

b)
_____ t = 15 t 50 kg = _____ kg
_____ t = ___ t ___ kg = 6 005 kg
_____ t = 7 t 500 kg = _____ kg
0,080 t = ___ t ___ kg = _____ kg

⑧ Gleich schwer

Welche Angaben bezeichnen das gleiche Gewicht?

Ordne zu.

6 kg 500 g | $\frac{1}{2}$ t | 650 kg | 500 kg | $\frac{3}{4}$ t | 6 500 g | 750 kg | 0,65 t | $4\frac{1}{2}$ t | 6 500 kg | 4 500 kg | 6,5 t

⑨ Rauminhalt

a) Wie viele Zentimeterwürfel (■) passen in den Quader?

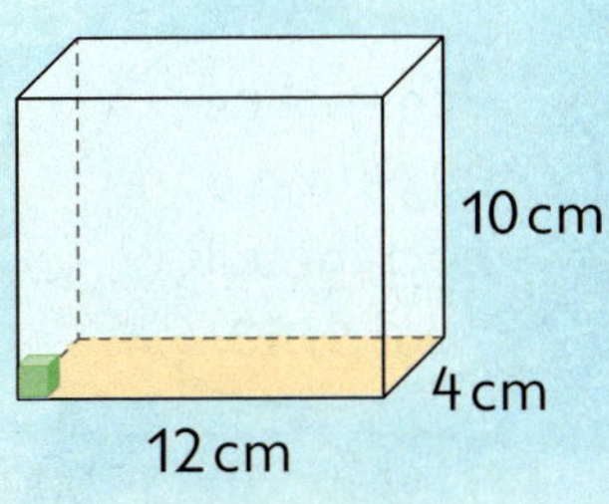

b) Immer drei Schreibweisen

1,5 l = ___ l ___ ml = ____ ml
___ l = 2 l 750 ml = ____ ml
___ l = ___ l ___ ml = 250 ml
$4\frac{1}{2}$ l = ___ l ___ ml = ____ ml

⑩ Senkrecht und parallel

a) Übertrage in dein Heft und zeichne durch die Punkte A und B jeweils eine Gerade, die senkrecht zu g verläuft.

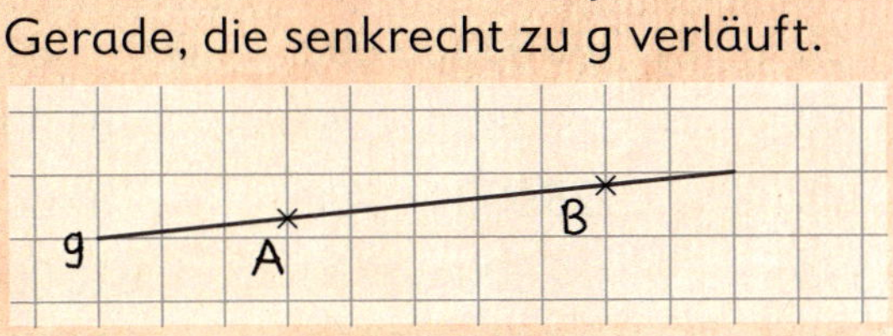

b) Übertrage in dein Heft und zeichne durch den Punkt C eine Parallele zu e.

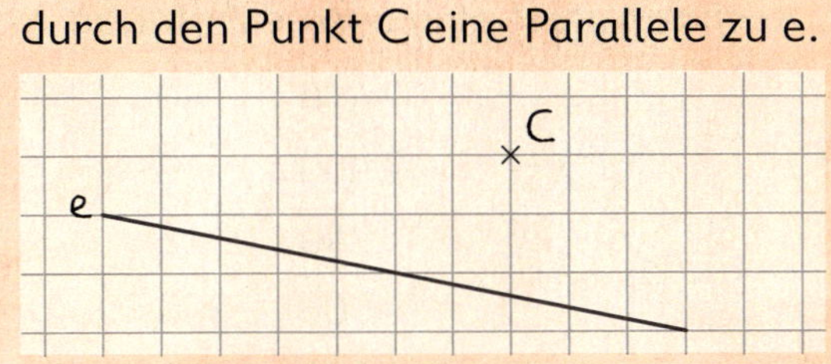

7 Gewichte in Tonnen, in gemischter Schreibweise und in Kilogramm angeben;
8 Immer zwei Gewichtsangaben sind gleich

E►36 A►36

Dividieren mit Stufenzahlen

① 2400 : 4

Erkläre, wie die Kinder rechnen.

② Dividieren von kleinen und großen Zahlen. Setze fort.

a)
54 : 6
540 : 6
5400 : 6
___ : _
___ : _

b)
45 : 9
450 : 9
___ : 9
___ : _
___ : _

c)
___ : 8
___ : 8
5600 : 8
___ : 8
___ : 8

d) Schreibe eigene Päckchen zu diesen Aufgaben:
35 : 7
40 : 5
10 : 2

③ Rechne zuerst die einfache Aufgabe.

42 : 6

a)
4200 : 6
420 : 6
420000 : 6
42000 : 6

b)
120000 : 4
120 : 4
12000 : 4
1200 : 4

c)
900000 : 3
90000 : 3
900 : 3
9000 : 3

d)
640 : 8
640000 : 8
6400 : 8
64000 : 8

④ Viele Nullen! Beginne immer mit der leichtesten Aufgabe.

a)

	T	H	Z	E
2400 : 4		6	0	0
2400 : 40			6	0
2400 : 400				6

b)
5400 : 9
5400 : 90
5400 : 900

c)
2700 : 3
2700 : 30
2700 : 300

d)
35000 : 5
35000 : 50
35000 : 500

e)
48000 : 8
48000 : 80
48000 : 800

⑤ Rechne zuerst eine leichte Aufgabe.

24 : 8

a)
2400 : 80
2400 : 8
240 : 8
24000 : 800
240000 : 8000

b)
4500 : 50
450 : 50
4500 : 5
450000 : 500
45000 : 50

c)
280000 : 7000
280 : 70
28000 : 700
2800 : 700
28000 : 7000

d)
810 : 9
81000 : 9
81000 : 900
810000 : 9000
81000 : 90

1–5 Analogieaufgaben aus dem kleinen Einsdurcheins nutzen

E▸37 AH▸36 A▸37

① Halbschriftlich dividieren

2 640 : 6

② Rechne.

a)	b)	c)	d)	e)
1 400 : 4	1 600 : 5	2 450 : 7	2 100 : 6	2 160 : 2
2 600 : 4	2 450 : 5	1 890 : 7	2 640 : 6	7 272 : 8
3 360 : 4	4 750 : 5	6 720 : 7	7 320 : 6	2 976 : 3

270 320 350 350 350 440 445 490 650 840 909 950 960 992 1080 1220

③ Einige Aufgaben kannst du im Kopf rechnen. Löse die anderen halbschriftlich.

a)	b)	c)	d)	e)
7 200 : 6	1 240 : 4	3 535 : 7	3 520 : 8	6 420 : 3
4 560 : 6	2 360 : 4	3 850 : 7	6 800 : 8	6 426 : 2
4 860 : 6	6 440 : 4	4 963 : 7	3 680 : 8	4 572 : 9

310 440 460 505 508 550 590 595 709 760 810 850 1200 1610 2140 3 213

④ Auch hier kannst du einige Aufgaben im Kopf rechnen.

a)	b)	c)	d)	e)
18 027 : 3	32 320 : 8	64 200 : 6	95 400 : 9	19 802 : 2
38 500 : 7	45 550 : 5	12 120 : 2	66 000 : 5	42 728 : 7
39 600 : 6	49 735 : 7	43 620 : 4	84 000 : 3	84 560 : 8

4 040 4 065 5 500 6 009 6 060 6 104 6 600 7 105 9 110 9 901 10 570 10 600 10 700 10 905 13 200 28 000

⑤ Super-Päckchen! Rechne. Wie geht es weiter?

a)	b)	c)	d)
33 760 : 2	76 800 : 8	1 920 : 3	8 448 : 2
16 880 : 2	38 400 : 8	1 920 : 6	8 448 : 4
8 440 : 2	___ : _	3 840 : 3	4 224 : 2
___ : _	___ : _	3 840 : 6	___ : _
___ : _	___ : _	___ : _	___ : _
___ : _	___ : _	___ : _	___ : _

e) Beschreibe, was dir auffällt. Versuche eine Begründung.

⑥

Wenn du meine Zahl mit 5 multiplizierst, erhältst du 18 750. Nele

Du erhältst meine Zahl, wenn du 3 252 durch die Hälfte von 8 dividierst. Tom

Meine Zahl ist der 9. Teil von 48 933. Naomi

Bilde die Hälfte von 15 072. Dividiere das Ergebnis durch 6. Mio

1 Verschiedene Rechenwege besprechen, erkennen, warum der Weg von Super M hier – im Gegensatz zur Multiplikation – nicht zum Erfolg führt; **3, 4** Im Kopf oder halbschriftlich rechnen; **5** Versuchen, die Auffälligkeiten zu begründen

E▸37 AH▸36 A▸37

Schriftlich dividieren

(1) Bei der schriftlichen Division dividierst du schrittweise von links nach rechts jede Stelle.

H	Z	E				H	Z	E
8	0	4	:	6	=	1		
−6								
2								

8 : 6 geht 1-mal.
1 · 6 = 6, Rest 2

H	Z	E				H	Z	E
8	0	4	:	6	=	1	3	
−6	↓							
2	0							
−1	8							
	2							

20 : 6 geht 3-mal.
3 · 6 = 18, Rest 2

H	Z	E				H	Z	E
8	0	4	:	6	=	1	3	4
−6		↓						
2	0							
−1	8							
	2	4						
	−2	4						
		0						

24 : 6 geht 4-mal.
4 · 6 = 24, Rest 0

Erkläre, wie Super M rechnet.

(2) Dividiere schriftlich.

a) 924 : 6
495 : 3
665 : 5
964 : 4

b) 736 : 2
903 : 7
807 : 3
702 : 6

c) 8835 : 3
9712 : 8
7458 : 6
6740 : 5

d) 7656 : 4
8386 : 7
7308 : 3
8034 : 6

117 129 133 154 165 241 269 368 1198
1214 1243 1339 1348 1914 2436 2945 2999

S. 74, Nr. 2

a) 9 2 4 : 6 = 1 5 4
−6
3 2
−3 0
2 4
−2 4
0

(3)

8	2	5	6	:	4	=	2 0 6 4	
−8								
0	2							
	−0							
	2	5						
	−2	4						
		1	6					
		−1	6					
			0					

2 : 4 geht 0-mal.
0 · 4 = 0, Rest 2

Achte auf Nullen im Ergebnis.

a) 5224 : 4
8118 : 3
5435 : 5
7416 : 2

b) 8136 : 8
9042 : 6
9163 : 7
6045 : 5

903 1017 1087 1209 1306
1309 1507 2706 3708

(4) Erkläre, wie Super M hier rechnet.
Löse die Aufgaben schriftlich.

a) 5832 : 6
2764 : 4
1941 : 3
6984 : 8

b) 2310 : 5
2436 : 6
4928 : 7
5085 : 9

406 462 508 565 647
691 704 873 972

T	H	Z	E				T	H	Z	E
4	9	8	4	:	7	=		7	1	2
−4	9									
	0	8								
	−	7								
		1	4							
		−1	4							
			0							

4 : 7 geht 0-mal.
Ich nehme die nächste Stelle dazu.
49 : 7 geht 7-mal

Die Null an der ersten Stelle im Ergebnis kann ich weglassen.

(5) Für den Computerraum werden 8 neue Rechner bestellt. Zusammen kosten sie 5592 €.

1 Die schriftliche Division kennen lernen; **3** Mit Nullen im Ergebnis umgehen;
4 Mit der Null an der ersten Stelle des Ergebnisses umgehen

E▸38 AH▸37 A▸38

⑥

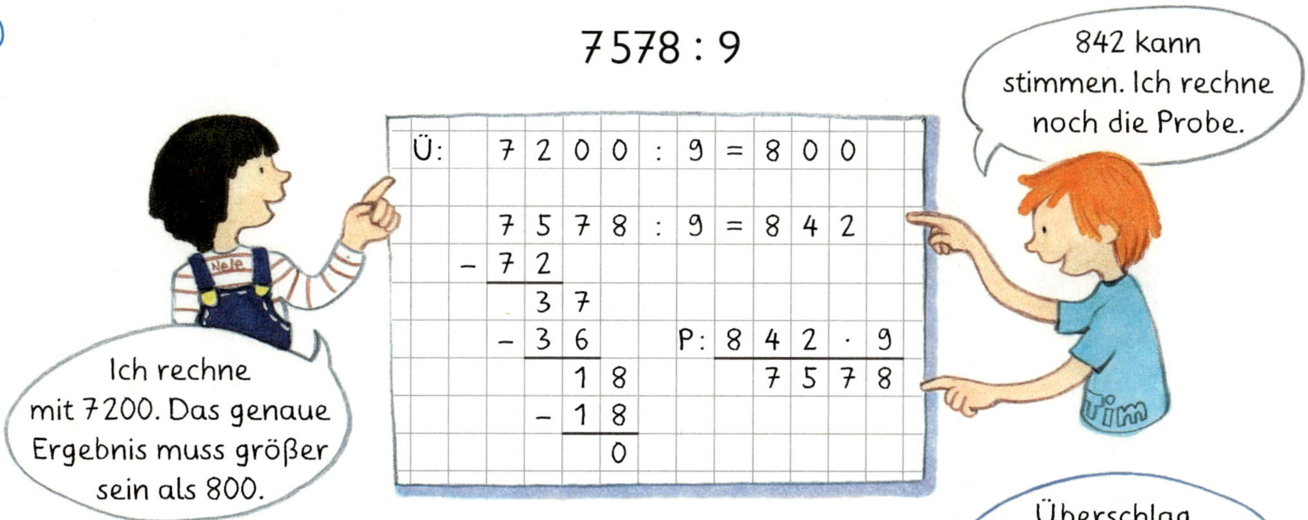

Überschlage zuerst. Überlege, ob das genaue Ergebnis größer oder kleiner als das überschlagene Ergebnis sein wird.
Rechne dann genau und vergleiche die Ergebnisse.
Kontrolliere mit der Probe.

a)	b)	c)
2360 : 8	6874 : 7	4518 : 6
5194 : 7	3690 : 5	2457 : 9
3957 : 3	2944 : 4	1389 : 3

M Rechne beim Überschlag mit einer Zahl, die in der Nähe liegt und die du einfach teilen kannst.

⑦ Nur eine Aufgabe je Päckchen ist richtig gelöst. Finde sie durch Überschlagen.
Rechne zur Kontrolle die Probe zu der Aufgabe, die du für richtig hältst.

a)	b)	c)
7692 : 6 = 128	8964 : 9 = 1069	5325 : 5 = 1065
7692 : 6 = 1282	8964 : 9 = 96	5325 : 5 = 165
7692 : 6 = 12282	8964 : 9 = 996	5325 : 5 = 1650

⑧ a) Welchen Überschlag rechnest du? Begründe.
Wird das genaue Ergebnis etwas größer oder kleiner als das überschlagene Ergebnis sein?

A 4311 : 3
Ü: 4300 : 3 | Ü: 4200 : 3 | Ü: 4311 : 3 | Ü: 3000 : 3

B 9728 : 8
Ü: 10000 : 8 | Ü: 9700 : 8 | Ü: 9600 : 8 | Ü: 800 : 8

C 1892 : 4
Ü: 1600 : 4 | Ü: 1000 : 4 | Ü: 1890 : 4 | Ü: 2000 : 4

b) Rechne die Aufgaben **A**, **B** und **C** genau aus.

⑨ Überschlage zuerst. Rechne dann genau. Kontrolliere mit der Probe.

a)	b)	c)	d)	e)
36270 : 6	14964 : 4	37827 : 9	16104 : 8	30474 : 6
68112 : 4	42304 : 8	42075 : 5	72524 : 4	20526 : 3

6 Überschlag und Probe als Kontrollinstrumente nutzen; **8** Besprechen, welche Überschläge sinnvoll sind/ein Ergebnis liefern, das größer/kleiner als das genaue Ergebnis sein wird

E▸38 AH▸37 A▸38

Schriftliches Dividieren üben

1 9398 : 7

9100 : 7 = 1300

9398 : 7 = 1342 R 4
– 7
23
– 21
29
– 28
18
– 14
4

P: 1342 · 7
9394

9394 + 4 = 9398

2 Überschlage zuerst. Rechne schriftlich. Kontrolliere mit der Probe.

a)	b)	c)	d)
8035 : 6	4897 : 4	80256 : 5	59114 : 6
6427 : 5	7844 : 3	56781 : 8	40532 : 9
9785 : 8	8253 : 5	34377 : 4	37642 : 5

3 Division mit und ohne Rest. Rechne auch Überschlag und Probe.

a)	b)	c)	d)
2432 : 3	1376 : 2	8250 : 6	5841 : 7
2432 : 4	1376 : 3	8250 : 7	5841 : 8
2432 : 5	1376 : 4	8250 : 8	5841 : 9

4 Erkläre, was falsch ist. Rechne richtig.

Ü: 4900 : 7 = 700
4655 : 7 = 5
–35
115

Ü: 8500 : 5 = 1700
8315 : 5 = 167
–5
33
–30
35
–35
0

5 Vier Lösungen sind falsch. Notiere, welche Fehler gemacht wurden. Rechne richtig.

Anne
7638 : 6 = 12613
–6
16
–12
43
–36
78
–78
0

Vedat
7287 : 7 = 141
–7
028
–28
07
–7
0

Nele
11176 : 4 = 2796 R2
–8
31
–28
37
–35
26
–24
2

Lea
2232 : 8 = 279
–16
63
–56
72
–72
0

Max
2058 : 7 = 2931
–14
65
–63
28
–21
7
–7
0

Den Durchschnitt berechnen

(1) Dividieren durch zweistellige Zahlen

	5	8	6	8	:	1	2	=	4	8	9	
−	4	8										
	1	0	6			P:	4	8	9	·	1	2
−		9	6						4	8	9	
		1	0	8						9	7	8
	−	1	0	8					1	1		
				0					5	8	6	8

Rechne. Mache eine Probe zur Lösungskontrolle.

a)	b)	c)	d)
10780 : 20	28150 : 50	14900 : 25	10356 : 12
3160 : 20	31350 : 50	21075 : 25	2976 : 12
9920 : 20	47050 : 50	12400 : 25	4444 : 12
86520 : 20	19000 : 50	23825 : 25	6192 : 12

(2) **In jeder Grundschulklasse sitzen durchschnittlich 23 Schüler.**

Max und Lena möchten wissen, wie viele Kinder in ihrer Schule durchschnittlich in einer Klasse sind. Sie kennen die einzelnen Schülerzahlen.

216 : 9 = 24
−18
 36
−36
  0

Schülerzahlen

Klasse	Anzahl
1a	24
1b	22
2a	28
2b	26
3a	24
3b	26
4a	23
4b	21
4c	22

a) Erkläre, was die Durchschnittszahl aussagt.

b) In der Regenbogengrundschule sind die Schüler so verteilt:
1a: 27, 1b: 26, 2a: 24, 2b: 21, 3a: 25, 3b: 27, 4a: 24, 4b: 26
Berechne, wie viele Schüler eine Klasse im Durchschnitt hat.

(3) a) Das Freiluftkino hat jedes Jahr in den Monaten Mai bis September geöffnet. Wie viele Besucher kamen durchschnittlich in einem Monat im Jahr 2009?

(b) Der zweiten Liste kannst du entnehmen, wie viele Zuschauer in den Jahren 2006 bis 2008 durchschnittlich pro Monat ins Kino kamen. Berechne für den Zeitraum 2006 bis 2009, wie viele Besucher das Kino im Durchschnitt pro Jahr hatte.

Besucher 2009	
Mai	1063
Juni	1507
Juli	2018
August	2386
September	1231

Durchschnittliche Besucherzahlen pro Monat	
2006	1946
2007	1523
2008	2406

1 Dividieren durch einfache zweistellige Zahlen, die Einmaleins-Reihen der Zahlen evtl. vorher als Hilfe zum Finden der Teildividenden notieren; **2** Verstehen, was der Durchschnittswert aussagt

E▸39 AH▸38 A▸39

Im Kopf oder schriftlich rechnen?

(1) Wie löst du die Aufgaben – schriftlich oder im Kopf? Rechne.

720 980 : 10 | 3 804 : 6 | 4 044 : 4 | 56 640 : 8

Schrittweise im Kopf?

Schriftlich?

1883 : 7 | 72 750 : 5 | 42 021 : 7 | 15 027 : 3

(2) Einige Aufgaben kannst du leicht im Kopf lösen. Die übrigen rechne schriftlich.

a)	b)	c)	d)
4 550 : 5	5 036 : 2	3 027 : 3	5 424 : 3
4 560 : 5	4 824 : 4	4 647 : 3	5 424 : 6
5 050 : 5	5 424 : 2	2 421 : 3	2 715 : 3
4 820 : 5	7 472 : 4	1 125 : 3	3 678 : 6

375 613 712 807 904 905 910 912 964 1009 1010 1206 1549 1808 1868 2518 2712

(3) Löse jeweils nur eine Aufgabe schriftlich. Die übrigen kannst du dann sicher im Kopf rechnen.

a)	b)	c)	d)
7 345 : 5	4 068 : 3	3 546 : 6	5 968 : 8
7 350 : 5	4 071 : 3	3 540 : 6	5 960 : 8
7 355 : 5	7 074 : 3	3 534 : 6	5 952 : 8
7 360 : 5	____ : 3	____ : 6	____ : _
____ : _	____ : _	____ : _	____ : _

(4)

Das Ergebnis einer Divisionsaufgabe nennt man Quotient.

A Die Differenz aus 6 600 uns 1 555 ist genauso groß wie meine Zahl mulltipliziert mit 5.

B Bilde den Quotienten aus 4 500 und 9. Meine Zahl ist halb so groß.

C Subtrahiere 25 von dem Quotienten aus 3 630 und 10.

D Wenn du meine Zahl mit 6 multiplizierst, erhältst du 3 642.

E Dividiere die Differenz aus 7 000 und 288 durch 4.

(5) a) Finde 4-stellige Zahlen, die du im Kopf durch 5 dividieren kannst. Dividiere sie durch 5. Notiere die Aufgaben mit Ergebnis.

b) Finde 4-stellige Zahlen, die du im Kopf leicht durch 9 dividieren kannst. Notiere und rechne.

c) Nun sind 4-stellige Zahlen gesucht, die du sicher durch 6 teilen kannst. Notiere die Aufgaben.

(d) Teile deine Zahlen aus c) durch 3. Was fällt dir auf? Begründe.

3 Veränderungen innerhalb der Aufgaben erfassen und so aus einem errechneten Ergebnis auf alle weiteren Ergebnisse schließen

E ▶ 40 AH ▶ 39 A ▶ 40

1 Erinnerst du dich an die Punkt-vor-Strich-Regel?

a) Welches Ergebnis stimmt? Alis oder Leas?

b) Rechne selbst.

10 + 15 · 3	100 – 100 : 10	999 : 3 + 17
98 – 8 · 8	45 + 150 : 30	11 · 3 – 33

Punktrechnung · und : geht vor Strichrechnung + und –.

2 Ein Bäcker verpackt bestellte Brötchen in Tüten. Er packt 4 Tüten mit je 3 Weizenbrötchen und 2 Roggenbrötchen. Wie viele Brötchen sind das insgesamt?

Rechnungen, die in einer Klammer stehen, müssen zuerst ausgerechnet werden. Danach gilt die Punkt-vor-Strich-Regel.

Die Beachtung der Klammern ist wichtig. Beschreibe.

3 Wende die Rechenregeln an.

a) 4 · 5 + 25
4 · (5 + 25)

b) 36 + 4 · 5
(36 + 4) · 5

c) 120 : 40 + 20
120 : (40 + 20)

d) 360 : 4 + 16
360 : (4 + 16)

e) 240 – 12 : 2
(240 – 12) : 2

f) 631 + 9 : 3 + 17
(631 + 9) : (3 + 17)

g) 7 · 8 – 4 · 9
7 · (8 – 4) · 9

h) 15 + 10 · 7 – 4
(15 + 10) · (7 – 4)

4 Schreibe passende Aufgaben.

a) Drei Beutel mit sieben Brötchen und vier Beutel mit acht Brötchen liegen im Regal.

b) Ein Laden bekommt 370 Eier geliefert. Zehn zerbrechen. Die restlichen Eier werden in 6er-Kartons verpackt.

c) Vier 12er-Kartons und drei 9er-Kartons mit Schokoküssen werden verkauft.

d) Im Lager stehen zwei Kartons mit Tischtennisbällen. In einem Karton sind 240 Bälle, im anderen 400. Die Bälle werden in Dosen zu je vier Bällen verpackt.

S. 79, Nr. 4
a) 3 · 7 + 4 · 8 =
21 + 32 = 53

1 Punkt-vor-Strich-Regel wiederholen; **2, 3** Rechnen mit Klammern; **4** Texte in Terme umsetzen

E▸40 AH▸39 A▸40

Der Taschenrechner

① 

Suche folgende Tasten auf deinem Taschenrechner:

[ON/C] zum Einschalten/Löschen (C bedeutet „Clear“)

[+] addieren [−] subtrahieren

[×] multiplizieren [÷] dividieren

[=] Gleichheitszeichen [.] Komma

② Drehe den Taschenrechner auf den Kopf und aus Zahlen werden Wörter.

a) Tippe die Zahl 51 379 ein. Drehe den Taschenrechner auf den Kopf. Welches Wort siehst du?

b) Tippe folgende Aufgaben ein. Zu jeder passt ein Lösungswort zur Kontrolle.

1 383 · 3 + 1 359 =	1 424 · 16 + 12 353 =
807 · 6 + 2 549 =	15 · 17 + 80 =
982 · 4 + 3 207 =	18 · 32 − 69 =
7 315 · 5 + 2 564 =	254 · 112 + 9 869 =

LIEBE | IGEL | SEE | SEIL | BOSS | GEIGE | LEISE | LOS

c) Überlege dir weitere Wörter.
Notiere dann Aufgaben, die als Ergebnis die Wörter zeigen.

M Erstelle zuerst eine Übersicht. 0 → O, 1 → I, 3 → E

③ Was fällt dir auf? Beschreibe und erkläre.

a) Tippe:
[1] [+] [2] [=] [=] [=] [=]
[3] [+] [3] [=] [=] [=] [=]
[2] [×] [2] [=] [=] [=] [=]
[8] [0] [−] [8] [=] [=] [=] [=]

b) Was musst du eintippen, um die 6er-(15er-, 12er-)Reihe als Ergebniszahlen zu erhalten?

④ Suche dir einen Partner. Einer von euch rechnet mit dem Taschenrechner und der andere im Kopf. Wer kommt schneller zum Ergebnis?

a)	b)	c)	d)
42 : 6	9 000 + 900 + 90 + 9	1 000 − 998	123 + 321
35 : 7	2 000 + 3 000 + 5 000	100 · 34	335 − 45
4 · 15	8 000 − 4 000 − 4 000	777 : 7	2 970 : 10
9 · 7	6 000 − 2 000 + 1 000	125 : 5	25 · 4

1–3 Den eigenen Taschenrechner kennen lernen;
4 Bei vielen Rechnungen wird kein Taschenrechner benötigt, im Kopf geht es schneller

E ▸ 41 AH ▸ 40 A ▸ 41

5 Tippe die Aufgaben ein und notiere die Zwischenergebnisse.

a) 64 · 25 = ____ : 4 = ____ + 264 = ____ − 331 = ____

b) 370 · 40 = ____ : 8 = ____ + 451 = ____ − 79 = ____

c) 512 · 30 = ____ : 12 = ____ + 629 = ____ − 798 = ____

(d) ___ · 4 = ____ : 6 = ____ + 334 = ____ − 648 = 444

6 Schöne Aufgaben. Wie geht es weiter?

a)
9 · 9 + 7 = 88
98 · 9 + 6 = __
987 · 9 + 5 = __
________ = __

b)
7 · 6 = 42
67 · 66 = __
667 · 666 = __
________ = __

c)
3 · 37 = 111
6 · 37 = ___
9 · 37 = ___
_____ = ___

(d) Erfinde ein eigenes schönes Päckchen.

7 Multipliziere 37 037 mit 3 (6, 9, 12, 15, …).
Notiere die Ergebnisse. Was fällt dir an ihnen auf? Weshalb ist das so?

8 Überprüfe zuerst, ob dein Taschenrechner die Rechenregeln beherrscht. Hat er Tasten mit Klammern? Löse die Aufgaben. Notiere, in welcher Reihenfolge du die Aufgaben eintippst.

a)
111 · (25 + 225)
368 : 4 + 58
7264 : (57 − 49)

b)
380 · 50 − 4 · 500
3 · 64 + 8 · 8
444 · 4 − 248

c)
(63 + 58) · (97 − 93)
125 : (120 − 95)
(58 − 37) · (81 − 78)

9 a) Das Herz eines Kolibris schlägt in der Sekunde 20-mal. Wie oft ist das in einer Minute (in einer Stunde/an einem Tag)? Notiere die Ergebnisse.

b) Ein Kolibri bewegt seine Flügel ca. 50-mal pro Sekunde. Wie viele Flügelschläge sind es in einer Minute (in einer Stunde)?

c) Der Kolibri atmet bis zu 250-mal pro Minute. Wie oft ist das in einer Woche? Vergleiche mit deiner Atmung.

(d) Führe die Berechnungen auch auch für einen Storch aus.
Herzschlag pro Minute: 270-mal, Flügelschläge pro Sekunde: 2, Atemzüge pro Minute: 8

Stelle für Kolibri und Storch die Werte Herzschläge, Flügelschläge und Atemzüge pro Minute in einer Tabelle dar. Vergleiche.

10 Benutze nur diese Tasten des Taschenrechners: 3 4 + − × ÷ =

Erreiche mit möglichst wenigen Eingaben:

a) 20 b) 102 c) 306 d) 82

Notiere die Tastenfolgen.

8 Prüfen, ob der Taschenrechner die Punkt-vor-Strich-Regel automatisch anwendet; falls nicht und falls keine Tasten mit Klammern vorhanden sind, eine geschickte Reihenfolge beim Eintippen der Zahlen finden

Sachrechnen – Dividieren von Kommazahlen

① Für den Grillabend nach dem Sponsorenlauf haben die Klassen 4 a, 4 b und 4 c Getränke und Knabbersachen eingekauft. Sie haben insgesamt 116,85 € ausgegeben.
Die Kosten sollen gleichmäßig auf die drei Klassen verteilt werden.

Ü: 120 € : 3 = 40 €

116,85 € : 3 = 38,95 €
– 9
26
– 24
28
– 27
15
– 15
0

P: 38,95 € · 3
116,85 €

② Rechne mit Überschlag und Probe.

a)	b)	c)	d)
296,45 € : 5	504,20 € : 4	1796,40 € : 9	678,60 € : 30
876,48 € : 6	651,98 € : 7	1081,92 € : 8	409,80 € : 12
716,16 € : 8	645,39 € : 3	1251,30 € : 6	299,85 € : 15

③ Zwei Väter haben Fleisch und Gemüse zum Grillen besorgt.
Zusammen haben sie dafür 468,15 € bezahlt. Auch diese Kosten teilen sich die drei Klassen.
Überschlage und rechne schriftlich. Überprüfe mit einer Probe.

④ Beim Sponsorenlauf laufen die Kinder auf einem Rundkurs rund um die Schule. Für jede gelaufene Runde bekommt die Schule einen kleinen Geldbetrag von den Firmen, die den Lauf sponsern.

a) Tim ist 7 Runden um die Schule gelaufen.
Insgesamt hat er 5,6 km geschafft.
Wie lang ist eine Runde?

5,6 km : 7 = 0,
– 0
56

b) Nele hat 4,80 € erlaufen. Dafür war sie 6 Runden unterwegs.
Wie viel zahlen die Sponsoren für eine Runde?

c) Die 20 Kinder der 4 c haben zusammen 97,60 € für die Schule erlaufen.
Wie viel Euro hat jedes Kind im Durchschnitt dazu beigetragen?

⑤ Nach dem Grillfest übernachten die Kinder in der Schule.
Für das gemeinsame Frühstück bringen die Eltern am nächsten Tag viele Leckereien vorbei.
Beim Einkaufen hat Leas Mutter die Preise verglichen.

A

B

C

D
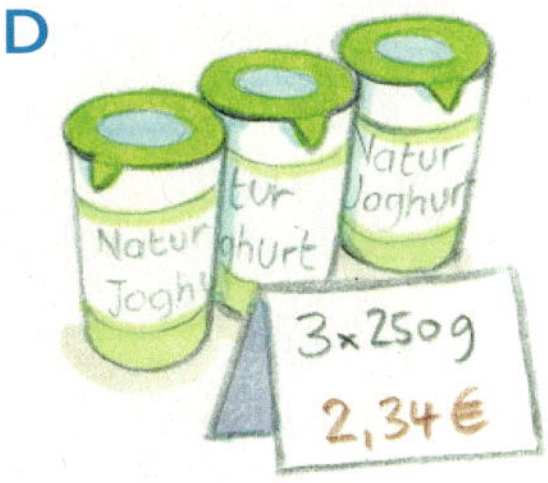

a) Wie teuer ist jeweils eine Flasche oder ein Becher?

b) Vergleiche die beiden Getränkepreise. Welches Angebot ist günstiger?
Beachte: Das Volumen der Verpackungen ist unterschiedlich.
Tipp: Berechne jeweils den Preis für einen Liter.

Tabellen können dir helfen. Nutze sie geschickt, dann geht vieles im Kopf.

Menge (ml)	100	200	400	1 000
Preis (€)			0,48	

Menge (ml)	250	500	1 000
Preis (€)			

Den Preis für einen Liter oder für ein Kilogramm einer Ware nennt man auch Grundpreis. Mit Hilfe des Grundpreises lassen sich Preise gut vergleichen.

c) Berechne ebenso die Grundpreise für die Jogurt-Angebote.
Notiere die Werte in Tabellen und berechne geschickt den Preis für 1 kg.

⑥ Im Bio-Laden gibt es viele Müsli Sorten. Welche hat den niedrigsten Grundpreis?

⑦ Mogelpackung oder echtes Angebot?

a)

b)

c)

Parkettierungen

① 

Eine Fläche parkettieren heißt, sie ohne Lücken mit Formen auszufüllen.

Wo hast du schon Parkettierungen gesehen? Probiere die Muster zu skizzieren.

② Zeichne diese Parkettmuster ab. Setze sie in alle Richtungen fort.

a) 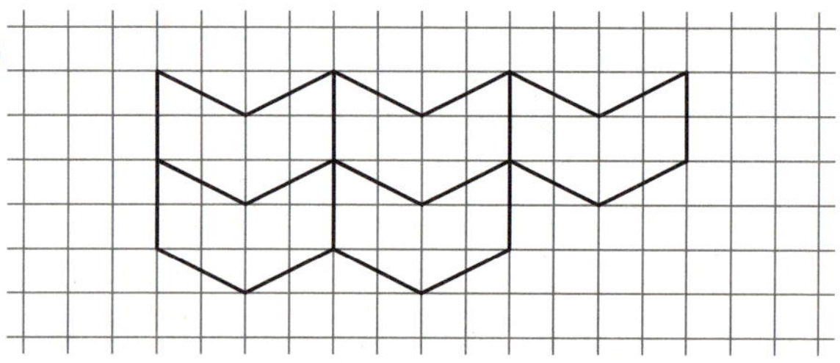

b) 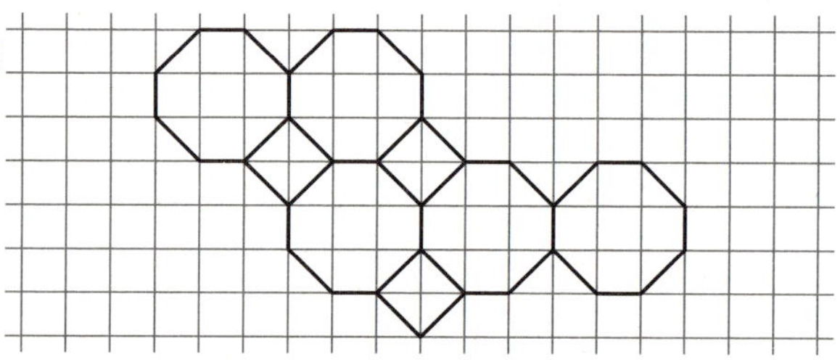

ⓒ Erfinde ein eigenes Parkettmuster.

③ Zeichne zwei Rechtecke mit den Seitenlängen 6 cm und 12 cm in dein Heft.

a) Parkettiere eines der Rechtecke mit gleich großen Dreiecken. Male aus.

ⓑ Wähle Formen aus, mit denen du das zweite Rechteck lückenlos parkettieren kannst.

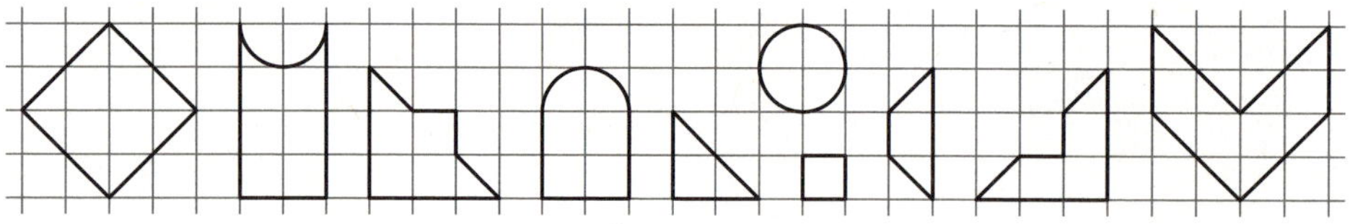

④ Super M benutzt eine Schablone zum Parkettieren. Die Schablone ist aus einem Rechteck entstanden.

Erfinde eine eigene Schablone. Gestalte ein Parkettmuster.

1 Parkettmuster auf den Fotos beschreiben; Parkettmuster in der Umwelt finden und skizzieren; **3** Viele verschiedene Lösungsmöglichkeiten; **4** Durch Ab-/Ausschneiden auf der einen und Ankleben auf der gegenüberliegenden Seite eigene Schablonen herstellen E▸43 AH▸42 A▸43

1

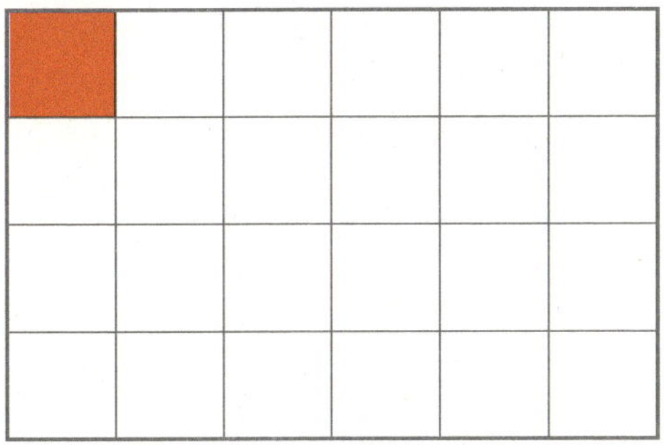

Ein Quadrat
mit der Seitenlänge 1 cm
ist 1 Quadratzentimeter
groß.

Wie viele solcher Quadrate brauchst du, um das Rechteck zu parkettieren? Schätze zuerst.

2 **a)** Schätze, welche Figur die meisten Quadratzentimeter hat.

b) Bestimme den Flächeninhalt jeder Figur.

Der Flächeninhalt gibt an,
wie groß eine Fläche ist.
Kleine Flächeninhalte misst
man in Quadratzentimetern.

A

B

C

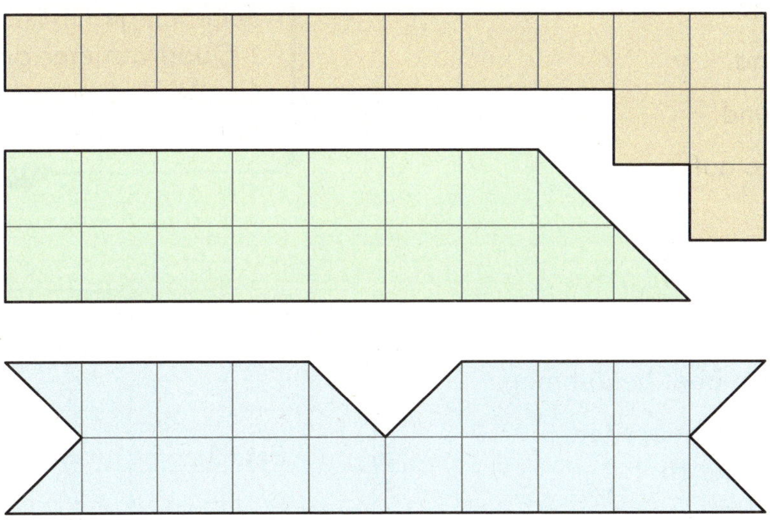

S. 85, Nr. 2

Figur	Flächeninhalt
A	… Quadratzentimeter
B	
C	

3 Zeichne jeweils verschiedene Rechtecke mit einem Flächeninhalt von …

a) … 6 Quadratzentimetern. **b)** … 12 Quadratzentimetern.

c) … 14 Quadratzentimetern. **d)** … 11 Quadratzentimetern.

4 **a)** Vergleiche die Größen der blauen Flächen.

b) Kannst du die Flächen jeweils in ein gleich großes Rechteck umwandeln? Wie gehst du vor?

A

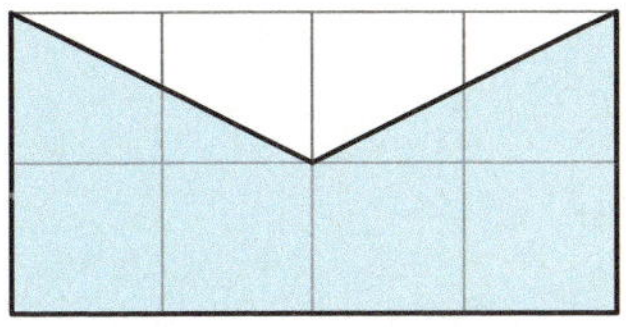

B

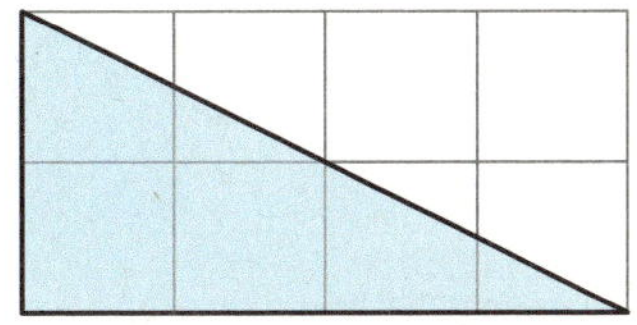

C

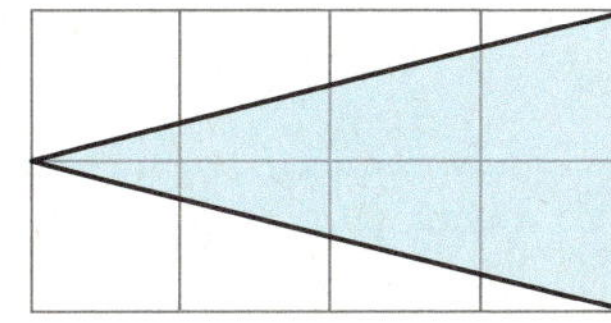

5 **a)** Wie viele Quadratzentimeter groß ist ein Rechteck, das 4 cm lang und 2 cm breit ist?

b) Verdopple Länge und Breite des Rechtecks. Wie verändert sich der Flächeninhalt?

1–5 Flächenmaß „Quadratzentimeter", Begriff „Flächeninhalt" kennen lernen; **1, 2** Flächeninhalte schätzen und genau bestimmen; **3** Erkennen, dass es verschieden geformte Rechtecke mit gleichem Flächeninhalt gibt

E▸43 AH▸42 A▸43

Der Quadratmeter

① 

Jan und Lea haben ein Quadrat aus Papier hergestellt. Es ist 1 m lang und 1 m breit. Seine Fläche beträgt 1 Quadratmeter.

a) Schätze, wie viele Kinder auf 1 Quadratmeter stehen können.

b) Stellt selbst solche Quadrate her und probiert, wie viele Kinder darauf stehen können.

② Legt auf dem Schulhof verschiedene Flächen, die …

a) … 4 Quadratmeter groß sind.

b) … 5 Quadratmeter groß sind.

c) … 8 Quadratmeter groß sind.

d) … 10 Quadratmeter groß sind.

Zeichnet die Umrisse mit Kreide auf.

> Ein Quadrat mit der Seitenlänge 1 m ist 1 Quadratmeter groß. Große Flächen misst man in Quadratmetern.

③ Die Klassen 3 a und 4 a wollen je ein Beet im Schulgarten bepflanzen.

a) Die 4. Klasse soll das größere Beet bekommen.

(b) Das Beet der Klasse 4 b ist um 1 m breiter als das der 4 a. Die Länge ist gleich.
Zeichne eine Skizze des Beetes.
Zeichne 1 cm für 1 m.
Rechne oder zähle, wie groß das Beet der 4 b ist.

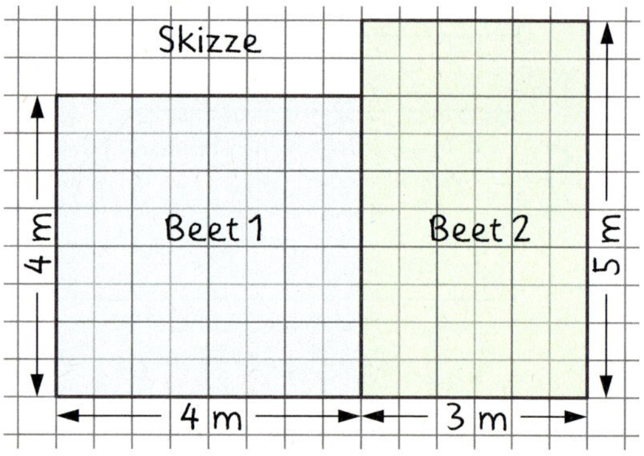

④ Auf einem 12 m langen und 8 m breiten Stück des Schulgeländes soll eine Wildwiese entstehen.

a) Wie viele Quadratmeter wird die Wiese groß?

(b) Der Hausmeister überlegt, die Wiese noch 2 m breiter anzulegen.
Wie viele Quadratmeter größer wird sie dann?

⑤ Was kann sein?

„Unser Klassenraum ist 200 Quadratmeter groß.“

„Mein Zimmer ist 15 Quadratmeter groß.“

„Die Turnhalle ist 40 Quadratmeter groß.“

1 Quadrate mit 1 m Seitenlänge herstellen, Flächenmaß „Quadratmeter“ kennen lernen; **2** Erfahren, dass Flächen mit gleichem Flächeninhalt verschieden geformt sein können; **3** Durch Auszählen oder Rechnen die Lösung bestimmen; **4** Lösungen rechnerisch bestimmen, Skizze als Hilfe

E ▸ 44 AH ▸ 43 A ▸ 44

1 Der Kräutergarten der Schulküche soll eingezäunt werden.

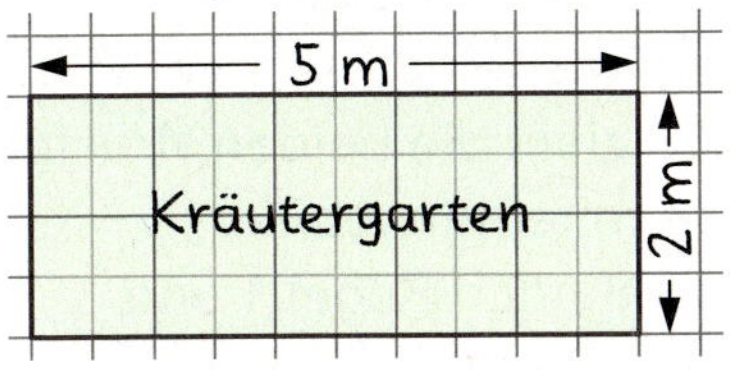

a) Berechne den Umfang des Gartens.

b) Es soll Platz bleiben für ein 90 cm breites Tor. Wie viele Meter Zaun werden dann benötigt?

Die Länge des Randes einer Figur nennt man Umfang. Man erhält den Umfang, indem man alle Seitenlängen addiert.

2 Wie groß ist der Umfang der Flächen?

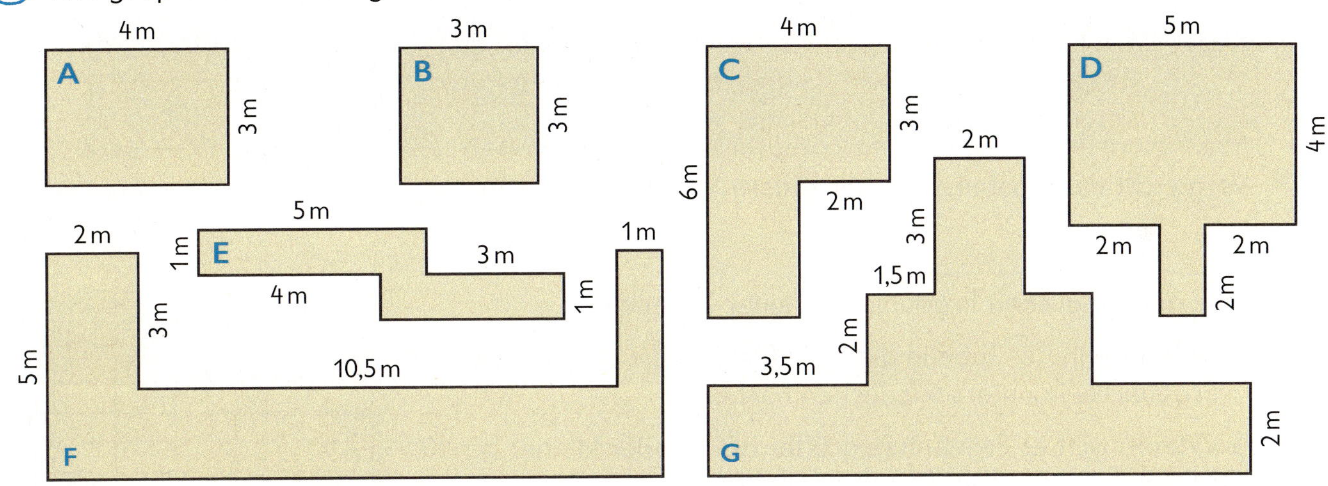

3 Ein 24 Quadratmeter großes rechteckiges Stück des Schulgeländes soll eingezäunt werden, um Fahrräder darauf abzustellen.

a) Welche Form könnte das Grundstück haben? Zeichne Skizzen im Heft: Zeichne 1 Kästchen für 1 Quadratmeter. Finde verschiedene Lösungen.

b) Berechne die Umfänge der verschiedenen Grundstücke.

c)

Wie hoch sind die Kosten?

4 Lege verschiedene Figuren aus je 12 Streichhölzern.
Zeichne eine Skizze von jeder Figur.
Zeichne 1 cm für 1 Streichholz.
Wie viele Figuren findest du?

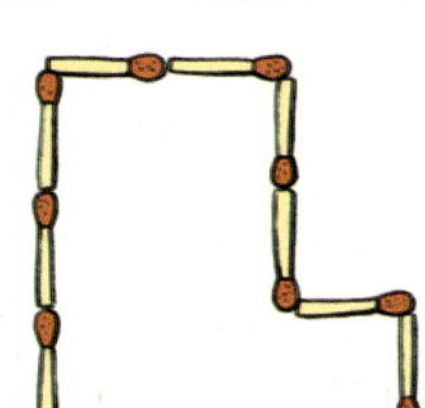

1 Begriff „Umfang" kennen lernen; **2** Einfache Umfangsberechnungen durchführen; **3** verschieden geformte ebene Figuren mit gleichem Flächeninhalt zeichnen, deren Umfänge berechnen; Kosten für den Zaun für das Grundstück mit dem kleinsten Umfang berechnen
E▸44 AH▸43 A▸44

Häufigkeit und Wahrscheinlichkeit – Würfeln

① Würfelzahlen multiplizieren – Ein Zufallsexperiment

Spiele mit einem Partner.
Würfelt abwechelnd mit zwei Würfeln und multipliziert die beiden Würfelergebnisse miteinander.
Spielt einmal nach Regel 1 und einmal nach Regel 2. Notiert die Gewinnpunkte als Strichliste.
Wer hat zuerst 20 Striche?

Regel 1: Du bekommst einen Punkt, wenn das Ergebnis gerade ist. Dein Partner bekommt einen Punkt, wenn das Ergebnis ungerade ist.

gerade	II
ungerade	I

Regel 2: Du bekommst einen Punkt, wenn das Ergebnis größer als 10 ist. Dein Partner bekommt einen Punkt, wenn das Ergebnis kleiner als 10 ist.

größer als 10	II
kleiner als 10	III

Vergleicht die Ergebnisse in der Klasse. Was fällt euch auf?

② Stelle alle möglichen Ergebnisse in einer Tabelle dar.

a) Markiere in der Tabelle die geraden und die ungeraden Ergebnisse in unterschiedlichen Farben.

b) Wie oft gibt es Ergebnisse größer als 10 oder kleiner als 10? Markiere in der Tabelle oder zähle aus.

c) Welche der Regeln oben ist gerecht? Erkläre.

S. 88, Nr. 2

·	1	2	3	4	5	6
1	1	2				
2						
3						
4						
5						
6						

③ Überprüfe und vergleiche die Regeln **A** bis **D**.
Bei welcher Regel …

a) … gewinnst du wahrscheinlich?

b) … verlierst du wahrscheinlich?

c) … haben beide Partner die gleichen Chancen?

Du bekommst einen Punkt, wenn …

A … das Ergebnis durch 5 teilbar ist.
Dein Partner bei allen anderen Ergebnissen.

B … das Ergebnis größer oder gleich 10 ist.
Dein Partner bei einem Ergebnis kleiner oder gleich 10.

C … das Ergebnis durch 8 teilbar ist.
Dein Partner bei allen anderen Ergebnissen.

D … das Ergebnis kleiner als 15 ist.
Dein Partner bei Ergebnissen größer als 15.

④ Schreibe eine Regel, bei der du sicher gewinnst.
Welche Chancen hat dein Partner?

1 Auffälligkeiten bei einem Zufallsexperiment feststellen, Vermutungen anstellen; **2** Alle möglichen Ereignisse notieren, Gründe für Gewinnchancen finden; **3** Mit Hilfe der Ergebnistabelle Wahrscheinlichkeiten von zufälligen Ereignissen vergleichen

E▸45 AH▸44 A▸45

1 Ein Zufallsexperiment mit Steckwürfeln

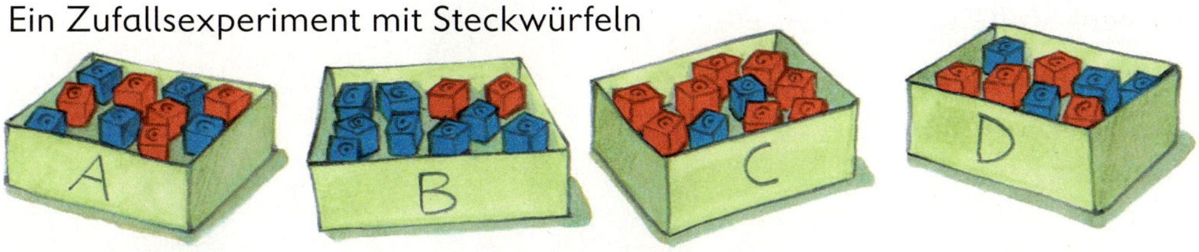

Tom soll ohne hinzusehen einen Würfel aus einer der Kisten ziehen.
Ist der Würfel rot, hat er gewonnen. Tom darf nur einmal ziehen.
Er kann sich aber aussuchen, aus welcher Kiste er ziehen möchte.

a) Bei welcher Kiste ist die Gewinnchance für Tom am größten? Warum?

b) Bei welcher Kiste ist die Gewinnchance für Tom am kleinsten? Warum?

2 Maria darf mehrmals aus einer Kiste ziehen, um einen roten Würfel zu bekommen. Die gezogenen Würfel werden nicht wieder in die Kiste zurückgelegt.

Richtig oder falsch?

Naomi: „Wenn Maria nacheinander 3 Würfel aus Kiste C zieht, ist sicher ein roter Würfel dabei."

Jonas: „Wenn Maria 5-mal aus Kiste D zieht, bekommt sie sicher einen roten Würfel."

Vedat: „Wenn Maria 5-mal aus Kiste A zieht, ist sicher ein roter Würfel dabei.

Nele: „Aus Kiste B muss Maria am häufigsten ziehen, um sicher einen roten Würfel zu bekommen."

3 Auch diese Kinder ziehen mehrmals nacheinander, ohne die Würfel zurückzulegen.

a) Ergänze die Lücken in den Sprechblasen.

b) Schreibe einen eigenen Lückentext für deinen Partner.

4 Was ist wahrscheinlich?

In einer Kiste liegen 10 Steckwürfel. Die Kinder der Klasse 4 b ziehen aus der Kiste 70-mal einen Würfel, notieren die Farbe und legen ihn wieder zurück.

rot	𝍸 𝍸 𝍸 𝍸 𝍸 𝍸 𝍸 𝍸 𝍸|||
blau	𝍸 𝍸 𝍸 𝍸||

Was vermutest du?

In der Kiste liegen wahrscheinlich …

A … mehr rote als blaue Würfel.
B … gleich viele rote und blaue Würfel.
C … weniger rote als blaue Würfel.
D … ungefähr halb so viele blaue wie rote Würfel.

1 Gewinnchancen aus dem Verhältnis der Anzahl von roten und blauen Würfeln ableiten; **2** Aussagen überprüfen, Lösungen begründen; **3** Aussagen so ergänzen, dass sie wahr werden; **4** Es gibt mehrere richtige Vermutungen

E▸45 AH▸44 A▸45

Kombinatorik – Verschiedene Reihenfolgen

(1) Aufstellungen bei einem Staffellauf

Tim, Noah, Sina und Anna wollen sich für einen Staffellauf aufstellen. Sie überlegen, in welcher Reihenfolge sie starten.

a) Tim möchte gern als Erster starten. Wie können sich die Kinder aufstellen? Notiere alle Möglichkeiten. Wie viele sind es?

b) Wie viele Aufstellungen sind möglich, wenn Sina auf dem ersten Platz steht? Notiere alle Möglichkeiten.

(c) Wie viele verschiedene Möglichkeiten gibt es insgesamt, wenn jedes Kind den ersten Platz einnehmen kann? Begründe dein Ergebnis.

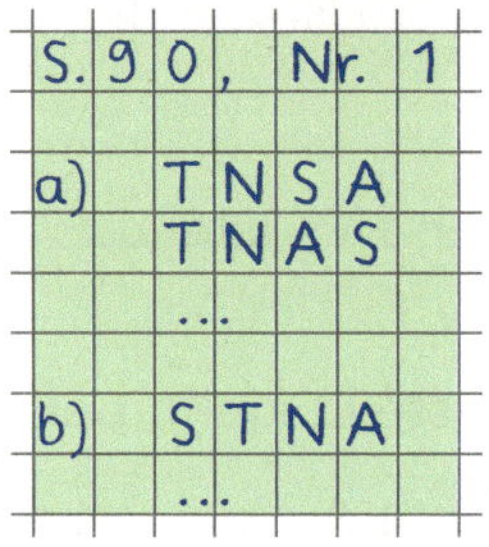

(2) Bilde Zahlen aus diesen Ziffern. 5 2 4 9

a) Notiere alle möglichen vierstelligen Zahlen mit der kleinsten Ziffer an der Tausenderstelle.

b) Notiere alle Zahlen mit der größten Ziffer an der Tausenderstelle.

c) Wie viele verschiedene vierstellige Zahlen kannst du insgesamt aus den Ziffern bilden?

(d) Wie viele verschiedene dreistellige Zahlen kann man aus den vier Ziffern bilden?
Überlege zuerst:
Sind es genau so viele dreistellige wie vierstellige Zahlen?
Sind es mehr oder weniger?
Probiere dann und schreibe auf.

Mio überlegt zuerst, wie viele Möglichkeiten es gibt, wenn er eine Ziffer fest an der ersten Stelle lässt.

(e) Wie viele fünfstellige Zahlen gibt es, wenn eine weitere Ziffer hinzukommt? 3
Erkläre deine Lösung.

1 a), b) Durch systematisches Verändern der Reihenfolge alle Möglichkeiten finden, daraus in **c)** auf die Gesamtzahl der Möglichkeiten schließen; **2** Systematisches Verändern der Reihenfolge, schließen auf die Gesamtzahl der Möglichkeiten E▸46 AH▸45 A▸46

Kombinatorik – Viele Möglichkeiten

1

Wie können Kinder ihre Fahrräder zusammenstellen?
In diesem Schaubild findest du alle Möglichkeiten. Man nennt es „Baumdiagramm".

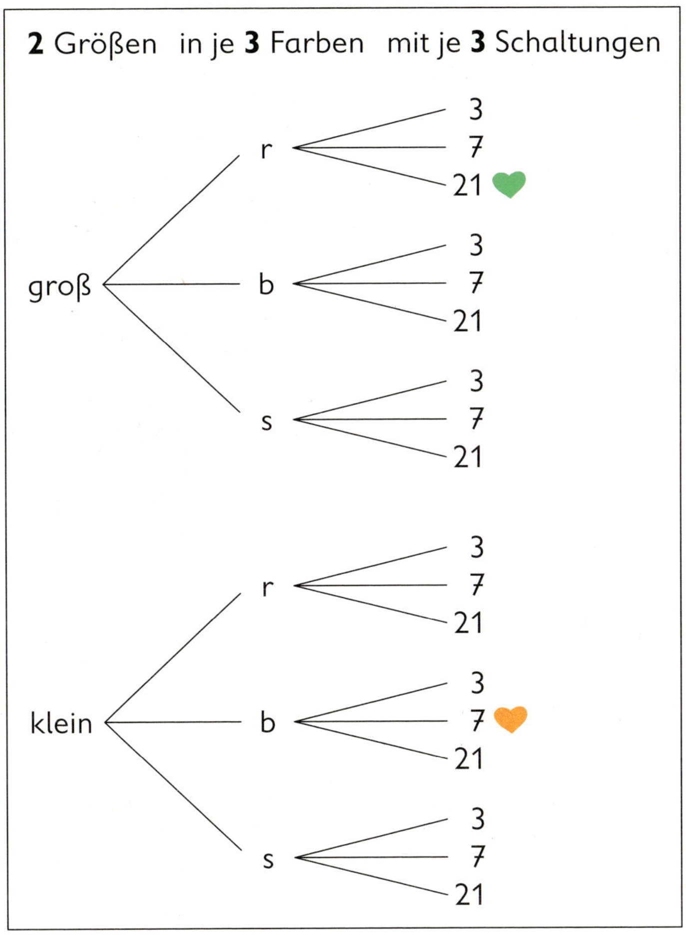

a) Schreibe auf, welche Räder sich Max (♥) und Eva (♥) wünschen.

b) Aus wie vielen Rädern kann Tim wählen?
Aus wie vielen Lea?

c) Wie viele verschiedene Räder gibt es insgesamt?
Kannst du die Anzahl berechnen?
Erkläre deinen Lösungsweg.

2 Für das Fahrrad gibt es zwei unterschiedliche Ständer.
Aus wie vielen Rädern kann man nun wählen?

Einbeinständer

Zweibeinständer

1 Baumdiagramm als Darstellungsmittel für kombinatorische Probleme kennen lernen; durch die strukturierte Darstellung einen rechnerischen Weg zur Ermittlung aller Möglichkeiten finden; **2** Nutzen der Erkenntnisse aus **1**

Das kann ich schon!

① Dividieren mit Stufenzahlen

a)	b)	c)
1 800 : 30	420 000 : 600	5 600 : 70
18 000 : 30	420 000 : 6	56 000 : 700
180 : 3	42 000 : 60	560 : 7
180 000 : 30	4 200 : 600	560 000 : 70

② Dividieren

Rechne mit deinem Rechenweg.

a)	b)	c)	d)	e)
6 162 : 3	3 750 : 5	13 136 : 8	6 156 : 12	88 088 : 11
4 048 : 4	4 606 : 7	15 024 : 6	7 340 : 20	22 022 : 11

③ Sachrechnen

Bei einem Marathonlauf wird eine Strecke von 42,195 km zurückgelegt.

a) Ein gut trainierter Sportler schafft die Strecke in ungefähr 3 Stunden.
Welche Strecke legt er dann im Durchschnitt in einer Stunde zurück?

b) Beim Kindermarathon der Schiller-Schule teilen sich immer 15 Kinder die Marathon-Strecke auf.
Wie viele Kilometer muss jedes Kind laufen?

Haile Gebrselassie mit neuem Weltrekord beim Berlin-Marathon 2008

④ Geschickt in Tabellen rechnen

Berechne jeweils den Grundpreis (Preis für 1 kg). Eine Tabelle kann dir helfen.

a) 

Schoko-Müsli

Gewicht (g)	600			
Preis (€)	2,88			

b) 

Knusper-Müsli

⑤ Rechenregeln

a)	b)	c)
240 : 6 – 2	658 – 26 · 2	52 + 48 : 4 + 16
240 : (6 – 2)	(658 – 26) · 2	(52 + 48) : (4 + 16)

1 Unter Nutzung von Analogieaufgaben im Kopf dividieren;
5 Rechenregeln „Klammern zuerst“ bzw. „Punkt-vor-Strich“ anwenden

E▸47 A▸47

⑥ Parkettierungen

Zeichne ab und setze die Parkettmuster in alle Richtungen fort.

a)

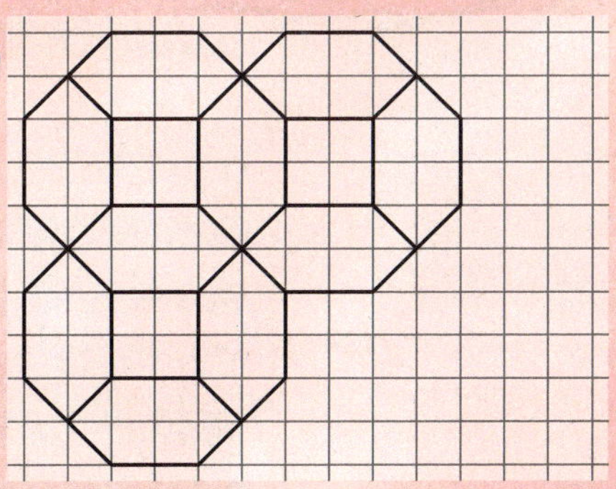

b)

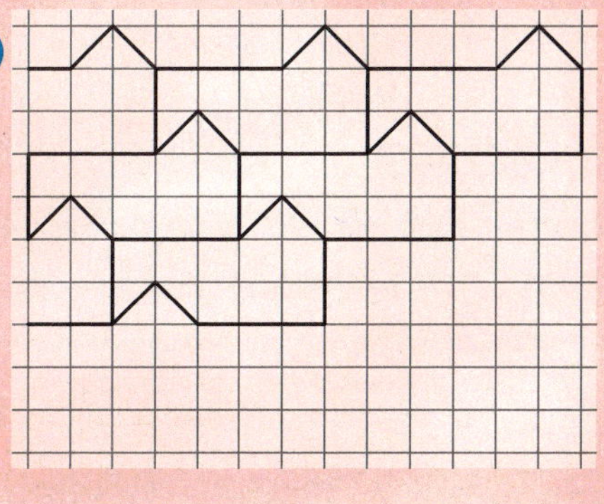

⑦ Flächeninhalt und Umfang

Zum Schulgarten gehören zwei Beete.

a) Wie groß ist der Flächeninhalt der einzelnen Beete?

b) Der Schulgarten soll eingezäunt werden. Für das Tor bleibt 1 m frei. Wie viele Meter Zaun sind nötig?

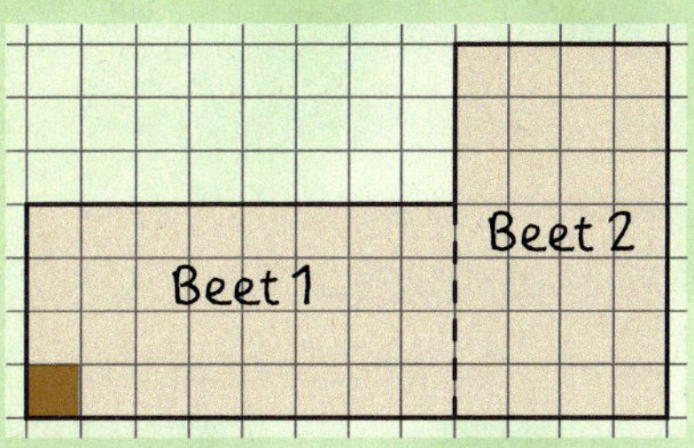

■ in Wirklichkeit ein Quadratmeter

⑧ Flächeninhalt – Quadratzentimeter

a) Schätze, welche Figur den größeren Flächeninhalt hat.

b) Bestimme den Flächeninhalt der Figuren.

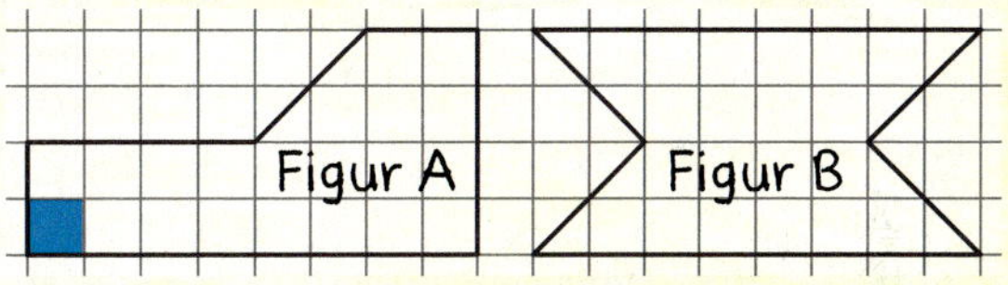

■ in Wirklichkeit ein Quadratzentimeter

⑨ Häufigkeit – Wahrscheinlichkeit

Würfelspiel: Bilde aus einer gewürfelten Zahl und der gegenüberliegenden Zahl eine zweistellige Zahl. Zum Beispiel:

a) Welche Zahlen können entstehen?

b) Mögliche Regeln:

Du bekommst einen Punkt, wenn …

A … deine Zahl kleiner ist als 20.
B … deine Zahl größer ist als 15.
C … deine Zahl durch 3 teilbar ist.
D … deine Zahl größer als 30 ist.

Bei welcher Regel …
… gewinnst du sicher?
… ist es unmöglich zu gewinnen?

ⓒ Vergleiche die Regeln **A** und **D**. Nach welcher Regel möchtest du lieber spielen? Begründe.

9 Alle möglichen Ergebnisse notieren, von der Häufigkeit der einzelnen Ergebnisse auf die Gewinnchancen schließen

E▶47 A▶47

Rhein-Kapitän

Richtung Köln

tägl.	tägl.	ab 26.5. Mo.	Juli + Aug. So. + Mo.	tägl.	tägl.	tägl. *nur So. – Do.	Juli + Aug. So. + Mo.	tägl.	tägl. *22.5. – 8.9. tägl.	ab		an	tägl.	tägl.	Fr. + Sa.	Juli + Aug. So. + Mo.	tägl.	tägl. *nur Juli + Aug.	ab 26.5. Mo.	tägl.	tägl.
						09.30					**Köln**				18.00		20.00				
						10.25					Köln-Porz				17.25		19.25				
						11.10					Wesseling				17.00		19.00				
		08.00	09.30	10.30	11.30	12.30	13.30	14.30	15.30		**Bonn**		14.15	15.15	16.15	17.15	18.15	19.15	20.30		
		08.30	10.10	11.10	12.10	13.00	14.10	15.10	16.10		Bad Godesberg		13.45	14.45	15.45	16.45	17.45	18.45	20.10		
		08.45	10.30	11.30	12.30	13.30	14.30	15.30	16.30		Königswinter		13.40	14.40	15.40	16.40	17.40	18.40	20.00		
		09.05	10.50	11.50	12.50	13.50	14.50	15.50	16.50*		Bad Honnef		13.25	14.25	15.25	16.25	17.25	18.25	19.40		
		09.25	11.10	12.10	13.10	14.10	15.10	16.10	17.10*		Unkel		13.10	14.10	15.10	16.10	17.10	18.10	19.25		
		09.40	11.20	12.20	13.20	14.20	15.20	16.20	17.20*		Remagen		13.00	14.00	15.00	16.00	17.00	18.00	19.15		
		10.00	11.50	12.50	13.50	14.50	15.50	16.50	17.50*		Linz		12.50	13.50	14.50	15.50	16.50	17.50	19.05		
	08.00	10.30				15.20*					Bad Breisig						16.20		18.40		
	08.05	10.35				15.25*					Bad Hönningen						16.15		18.30		
	08.50	11.20									Andernach						15.40		18.05		
	09.10	11.40									Neuwied						15.20		17.50		
	10.40	13.00							tägl.	an	**Koblenz**	ab					14.30		17.05		
09.00	11.00				14.00				18.10	ab	**Koblenz**	an	13.10				14.10		17.00	18.10	20.10
09.30	11.30				14.30				18.35		Niederlahnstein		12.50				13.50			17.50	19.50
09.40	11.40				14.40				18.45		Oberlahnstein		12.40				13.40			17.40	19.40
09.50	11.50				14.50				18.55		Rhens		12.30				13.30			17.30	19.30
10.05	12.05			tägl.	15.05				19.10		Braubach		12.20				13.20	tägl.		17.20	19.20
11.00	13.00			14.00	16.00				20.00		Boppard		11.50				12.50	13.50		16.50	18.50
11.10	13.10			14.10	16.10						Kamp-Bornhofen		11.40				12.40	13.40		16.40	18.40
11.25	13.25			14.25	16.25						Bad Salzig		11.30				12.30	13.30		16.30	18.30
12.10	14.10			15.10	17.10						St. Goarshausen		11.05				12.05	13.05		16.05	18.05
12.20	14.20			15.20	17.20						St. Goar		10.55				11.55	12.55		15.55	17.55
12.50	14.50			15.50	17.50						Oberwesel		10.35				11.35	12.35		15.35	17.35
13.05	15.05			16.05	18.05						Kaub		10.25				11.25	12.25		15.25	17.25
13.30	15.30			16.30	18.30						Bacherach		10.15				11.15	12.15		15.15	17.15
13.40	15.40			16.40	18.40						Lorch		10.05				11.05	12.05		15.05	17.05
14.30	16.30			17.30	19.30						Assmannshausen		09.45				10.45	11.45		14.45	16.45
15.00	17.00			18.00	20.00						**Bingen**		09.30				10.30	11.30		14.30	16.30
15.15	17.15			18.15	20.15						Rüdesheim		09.15				10.15	11.15	13.15	14.15	16.15
	18.25			19.25*							Eltville						09.25	10.25*	12.20		
	19.05			20.05*							Wiesbaden						09.05	10.05*	11.50		
	19.30			20.30*							**Mainz**						08.45	09.45*	11.30		
tägl.	tägl.	ab 26.5. Mo.	Juli + Aug. So. + Mo.	tägl. *nur Juli. + Aug.	tägl.	tägl. *nur So. – Do.	Juli + Aug. So. + Mo.	tägl.	tägl. *22.5. – 8.9. tägl.	an		ab	tägl.	tägl.	Fr. + Sa.	Juli + Aug. So. + Mo.	tägl.	tägl. *nur Juli + Aug.	ab 26.5. Mo.	tägl.	tägl.

Richtung Mainz

① Die Schifffahrtsgesellschaft *Rhein-Kapitän* bietet Fahrten auf dem Rhein zwischen Mainz und Köln an.

a) Zu welchen Zeiten kannst du an einem Sonntag im August von Bonn nach Königswinter abfahren?

b) Wie viele Möglichkeiten gibt es täglich, um von Boppard nach Koblenz zu fahren?

c) Zu welchen Zeiten kannst du an einem Freitag im Mai von Linz nach Köln fahren?

② Marie und Alex unternehmen mit ihrer Familie einen Sonntagsausflug nach Bingen. Sie fahren um 9.45 Uhr in Mainz ab.

Marie berechnet die Fahrtdauer so:

9.45 Uhr $\xrightarrow{+15\,\text{min}}$ __ $\xrightarrow{+}$ __ $\xrightarrow{+}$ __

Alex rechnet so:

9.45 Uhr $\xrightarrow{+2\,\text{h}}$ __ $\xrightarrow{-}$ __

Erkläre die Rechenwege.
Führe einen zu Ende und berechne die Fahrtdauer.

③ Die Klasse 4 b plant im Juli einen Ausflug von Wiesbaden nach Rüdesheim. In Rüdesheim nimmt die Klasse um 11.00 Uhr an einer Stadtführung teil.

Nach einer Mittagspause auf dem Spielplatz fährt die Klasse um 13.30 Uhr mit der Seilbahn zum Niederwalddenkmal hinauf. Nach einer kurzen Besichtigung wird zum Abschluss des Tages mit den Eltern gegrillt, bevor es wieder zum Schiffsanleger in Rüdesheim zurückgeht.

a) Um wie viel Uhr kann die Klasse in Wiesbaden abfahren?

b) Wie lange dauert die Fahrt nach Rüdesheim?

c) Zu welchen Zeiten kann die 4b die Rückfahrt antreten, wenn genug Zeit für das Grillen bleiben soll?

d) Die Klasse entscheidet sich für die letztmögliche Rückfahrt. Wie viel Zeit hat sie in Rüdesheim zur Verfügung?

(e) Vergleiche die Fahrtzeiten für Hin- und Rückfahrt. Was stellst du fest? Findest du mögliche Gründe?

④ Familie Klein plant im Sommer eine Fahrradtour am Rhein entlang. Die Strecke von Remagen nach Kaub wollen sie mit dem Schiff zurücklegen.

a) Wie kann die Familie fahren?

b) Wie viel Zeit verbringen sie an diesem Tag insgesamt auf Schiffen?

⑤ Ergänze die Tabellen im Heft.

a)

Abfahrt	Fahrtzeit	Ankunft
9.15 Uhr	55 min	
11.20 Uhr	1 h 42 min	
16.23 Uhr	3 h 47 min	
3.27 Uhr	4 h 18 min	
22.50 Uhr	5 h 25 min	
20.31 Uhr	3 h 56 min	

b)

Abfahrt	Fahrtzeit	Ankunft
17.09 Uhr		19.48 Uhr
13.55 Uhr		20.13 Uhr
22.36 Uhr		1.14 Uhr
	2 h 46 min	21.34 Uhr
	8 h 25 min	17.09 Uhr
	3 h 45 min	0.18 Uhr

⑥ Besorge dir einen Fahrplan aus deiner Umgebung (Bus, Zug, Schiff …).
Stellt eure Fahrpläne in der Klasse vor.
Erfinde Aufgaben zu deinem Fahrplan und notiere sie für andere Kinder.
Tauscht die Aufgaben untereinander aus.

3, 4 Aufgaben mit Hilfe des Fahrplans lösen; 5 Zeitpunkte und Zeitspannen berechnen;
6 Verschiedene Fahrpläne aus der eigenen Umgebung kennen lernen, Aufgaben dazu entwickeln
E▸48 AH▸46 A▸48

Sachrechnen – Skizzen und Tabellen

① Wanderung zum See

Zum Abschluss der Grundschulzeit unternimmt die Klasse 4 a eine Klassenfahrt.

Am Dienstag möchte die Klasse eine Wanderung zum Abenteuerspielplatz machen. Damit dort genügend Zeit bleibt, sollen Hin- und Rückweg zusammen nicht länger als $2\frac{1}{2}$ Stunden dauern. Die Kinder gehen durchschnittlich 4 km in der Stunde.
Nun überlegen sie, welche Wege sie gehen können:
Nach 1,5 km führt der Weg von der Jugendherberge zu einem See. Von dort kann man 3 km zu einem Streichelzoo oder direkt die 2,5 km zum Spielplatz laufen.
Zwischen dem See und dem Streichelzoo liegen 1000 m.
Es gibt eine 1 km lange Abkürzung vom Spielplatz zum See entlang der Straße.

a) Vervollständige die Skizze.

b) Ist genügend Zeit, um für eine halbe Stunde den Streichelzoo zu besuchen?

c) Plane die Wanderung. Wie viele Kilometer laufen die Kinder? Wie lange dauert der Ausflug?

② Nachtwanderung

Die Lehrerin plant eine aufregende Nachtwanderung, bei der die Kinder 300 m alleine durch den dunklen Wald gehen sollen. Sie möchte vom Start an bis zur Ziellinie alle 15 m eine Kerze im Glas als Wegweiser aufstellen.

Wie viele Kerzen benötigt sie?
Zeichne die Skizze zu Ende.

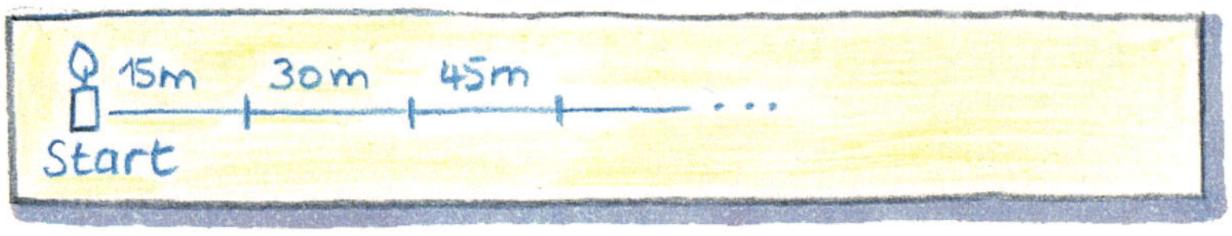

③ Denknüsse am Abend

Da die Kinder auf ihrer Wanderung viele Schnecken gesehen haben, stellt die Lehrerin abends folgende Knobelaufgabe:
Eine kleine Schnecke fällt in einen 9 m tiefen Brunnen. Tagsüber schafft die Schnecke es, 3m nach oben zu kriechen. Aber jede Nacht rutscht sie im Schlaf wieder 2 m hinunter.

Nach wie vielen Tagen kommt die Schnecke oben an?
Nutze die Tabelle.

1. Tag	1. Nacht	2. Tag	2. Nacht	3. Tag
3 m	1 m	4 m	2 m	...

④ Getränkeverbrauch

Für die Kinder stehen immer Wasserkästen bereit. Am 1. Tag benötigen sie nur halb so viele Flaschen wie am darauffolgenden Tag. Am Dienstag trinken sie nach der anstrengenden Wanderung 4-mal so viele Flaschen wie am letzten Tag. Mittwochs und donnerstags werden gleich viele Flaschen verbraucht. Am letzten Tag reichen vier Flaschen, also sechs weniger als am Vortag, aus.

Berechne die Anzahl der verbrauchten Flaschen an jedem Tag der Klassenfahrt.
Die Tabelle hilft dir, die Übersicht zu behalten.

Tag	Mo	Di	Mi	Do	Fr
Flaschen					4

1, 2 Die begonnene Skizze zu Ende zeichnen, damit die Aufgabe lösen; **3, 4** Tabellen zur Aufgabenlösung nutzen

E▸49 AH▸47/48 A▸49

⑤ Vor der Schnitzeljagd

Die Schnitzeljagd soll nach dem Mittagessen stattfinden. Das Essen beginnt um 12.30 Uhr und dauert eine halbe Stunde. Danach hilft der Tischdienst 15 Minuten beim Aufräumen. Anschließend sollen sich alle Kinder noch 20 Minuten auf den Zimmern ausruhen. Bis alle Kinder nach der Mittagsruhe für die Schnitzeljagd fertig angezogen sind, vergeht noch einmal eine Viertelstunde.

Kann die Schnitzeljagd um 14.00 Uhr beginnen?
Wähle eine der Lösungsideen aus und führe sie zu Ende.

12.30 Uhr —+30 min→ 13 Uhr —+ …→ …

30 min
+ 15 min
+ …
+ …
———
min

12.30 Uhr —+→

⑥ Die Schnitzeljagd

Die erste Gruppe möchte den Schatz nach einer Wegstrecke von 4 km verstecken. Sie markiert ihren Weg mit Pfeilen. Daher schafft sie nur 50 m pro Minute. Die Schatzsucher finden den Weg schneller. Sie gehen 80 m in einer Minute. Die erste Gruppe soll eine Dreiviertelstunde Vorsprung haben.

a) Reicht der Vorsprung oder holen die Schatzsucher die erste Gruppe unterwegs ein?

b) Wie viel Zeit hat die erste Gruppe, um den Schatz zu verstecken?

Welche Lösungsansätze helfen, die Fragen zu beantworten?
Diskutiert die unterschiedlichen Ideen. Wähle eine der Skizzen oder Tabellen aus und löse damit die Aufgaben.

	10 min	20 min	…
1. Gruppe	500 m	1000 m	
2. Gruppe	800 m	1600 m	

1. ——— 2 250 m — 2 750 m — 3 250 m ——— …
   45 min — 55 min — 65 min
2. ——— 800 m — 1 600 m ——— …

1. ——— 500 m — 1000 m ——— …
2. ——— 800 m — 1600 m ——— …

	45 min	55 min	…
G 1	2 250 m	2 750 m	
G 2	0 m	800 m	

⑦ Tauschgeschäft

In ihrer freien Zeit tauschen die Kinder gerne Sticker. Mio, Ali, Jonas, Lena und Naomi haben zusammen 60 Sticker. Jonas hat halb so viele wie Naomi. Lena hat einen weniger als Jonas. Ali hat doppelt so viele wie Lena. Naomi hat 16 Sticker.

⑧ Für einen Slalom-Wettlauf stecken die Kinder immer mit einem Abstand von 3 m Fahnen in einer Reihe in den Boden. Die gesamte Laufstrecke ist 100 m lang.

Wie viele Fahnen brauchen die Kinder, wenn die erste und die letzte Fahne jeweils 2 m von Start- und Ziellinie entfernt stecken?

5 Einen der beiden Lösungsansätze zu Ende führen; **6** Verschiedene Lösungsansätze auf ihre Brauchbarkeit hin prüfen; **7, 8** Aufgaben mit Hilfe von eigenen Skizzen oder Tabellen lösen

E▸49 AH▸47/48 A▸49

Achsensymmetrie

① 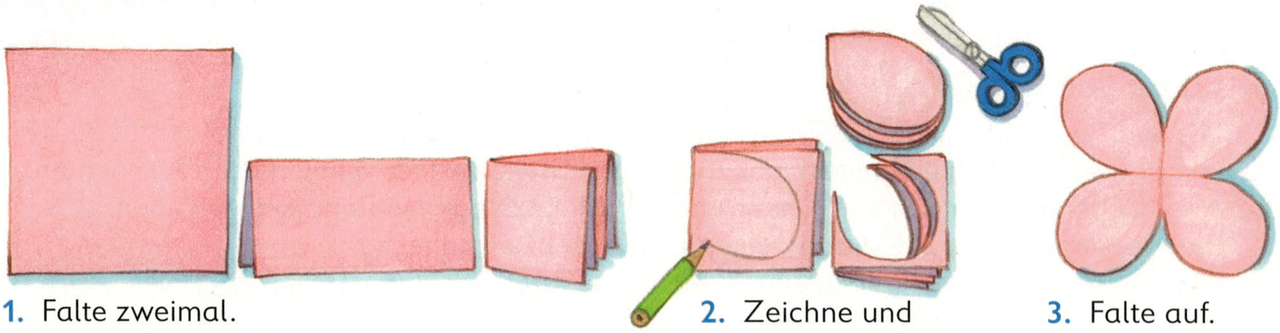

1. Falte zweimal.

2. Zeichne und schneide aus.

3. Falte auf.

a) Benutze quadratisches Papier. Falte, zeichne und schneide wie im Beispiel.

b) Stelle eigene Blüten her. Wie viele Symmetrieachsen haben deine Blüten?

② Nele hat zweimal gefaltet und dann geschnitten. Welche Teile gehören zusammen?

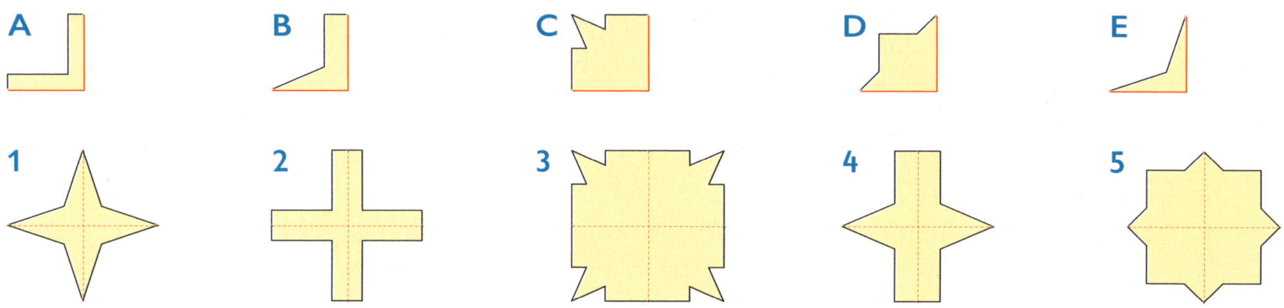

③ Übertrage die Figuren in dein Heft.
Spiegle zuerst an der roten Achse. Spiegle dann alles an der blauen Achse.

a) b) c)

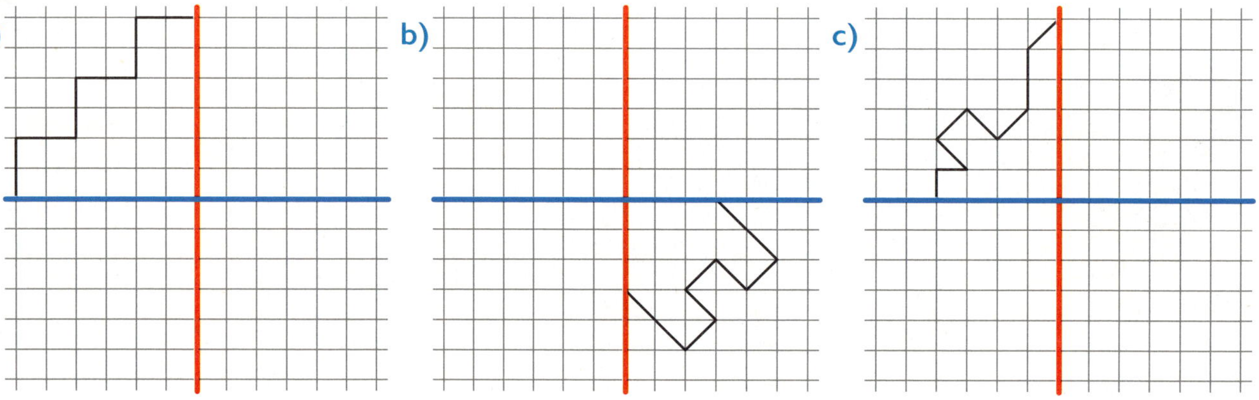

④ 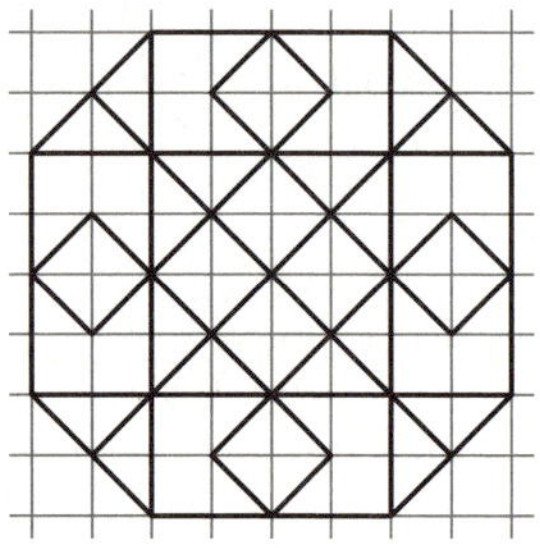

Zeichne die Figur zweimal in dein Heft.
Male eine so aus, dass sie zwei Symmetrieachsen hat.
Male die andere so aus, dass sie nur eine senkrechte Symmetrieachse hat.

1 Figuren mit mindestens zwei Symmetrieachsen herstellen; **3** Durch Spiegeln einer Teilfigur an zwei senkrecht aufeinanderstehenden Achsen entsteht eine Figur mit mindestens zwei Symmetrieachsen

E ▸ 50 AH ▸ 49 A ▸ 50

(1) Baue aus quadratischem Tonpapier, einer Stecknadel und einem Holzstab dieses Windrad.

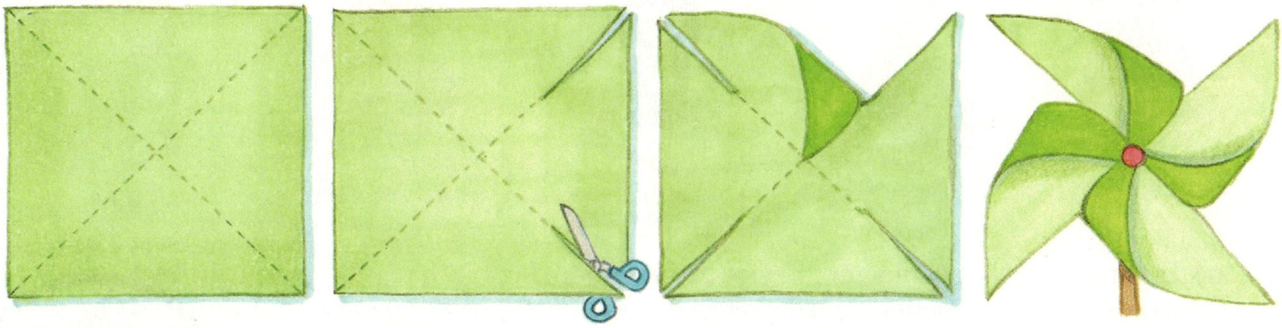

1. Falte nacheinander zweimal zum Kopftuch. Öffne jedes Mal wieder.
2. Schneide von den Ecken her bis zur Hälfte der Faltlinien.
3. Biege nacheinander jede zweite Ecke bis zur Mitte. Die Spitzen sollen übereinanderliegen.
4. Stich die Stecknadel durch alle 4 Spitzen und in einen Holzstab.

Das Windrad dreht sich um einen Drehpunkt. Wo liegt er?

Eine Figur ist drehsymmetrisch, wenn sie nach Drehung um einen Drehpunkt aussieht wie vorher. Dabei reicht es, wenn man nur ein Stück weiterdreht.

(2) a) Welche Gegenstände sind drehsymmetrisch? Wo liegt der Drehpunkt?

b) Nach wie vielen Teildrehungen ist eine ganze Drehung erreicht?

c) Finde in deiner Umwelt weitere drehsymmetrische Gegenstände.

(3) Zeichne in dein Heft und ergänze zu drehsymmetrischen Figuren.

a) 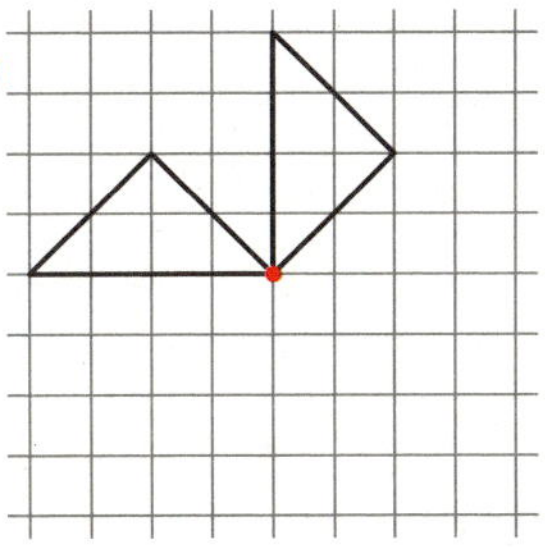

b) 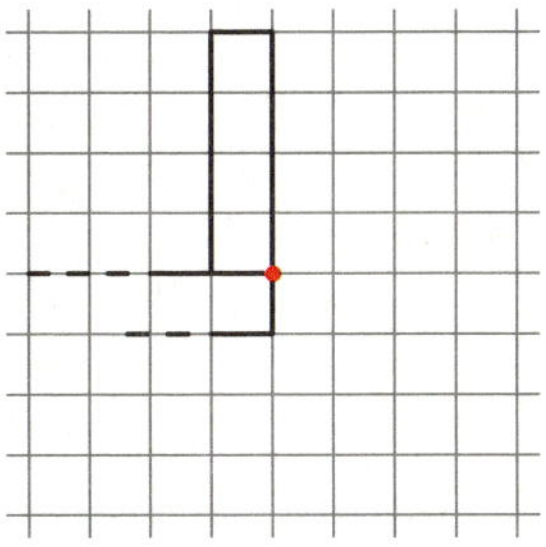

c) 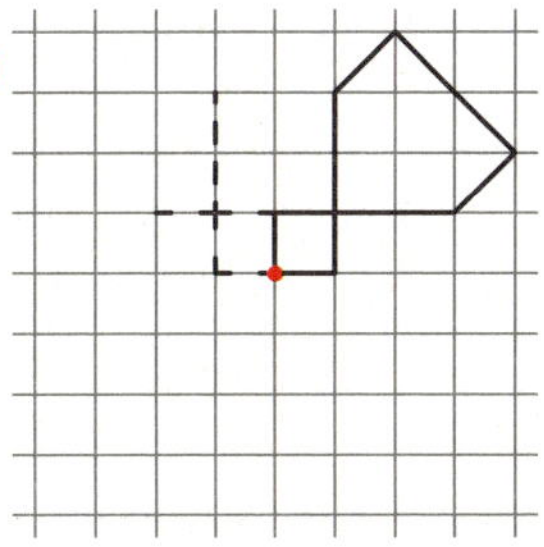

d) 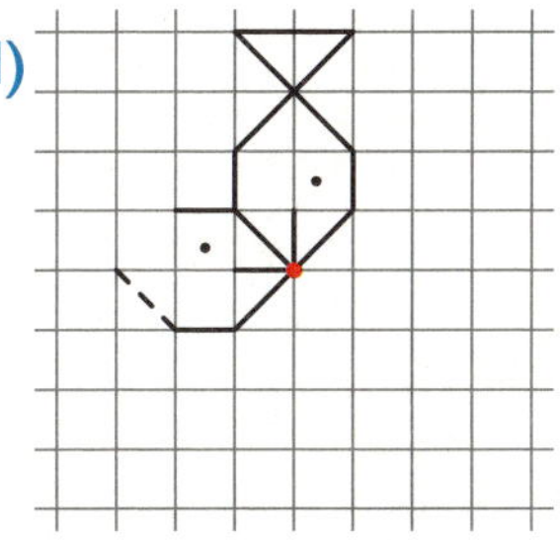

1 Windrad nachbauen, Lage des Drehpunktes beschreiben; Definition einer drehsymmetrischen Figur verstehen;
3 Durch „Weiterdrehen" der Figuren entstehen drehsymmetrische Figuren; es gibt verschiedene Lösungsmöglichkeiten

E▸50 AH▸50 A▸50

Kreis und Zirkel

(1)

a) Es gibt viele Möglichkeiten, Kreise zu zeichnen. Probiere wie die Kinder oben verschiedene Methoden aus und vergleiche.

b) Versuche mit den verschiedenen Hilfsmitteln ein Bild wie Kandinskys „Kreise im Kreis“ zu zeichnen.

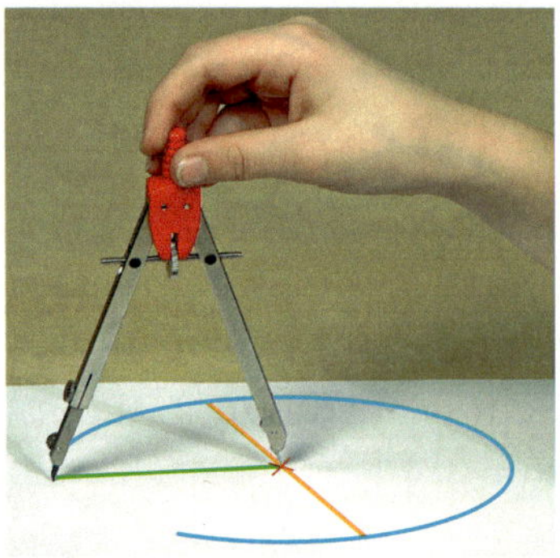

Mit dem Zirkel kannst du Kreise zeichnen.
Die verschiedenen Linien und Punkte im Kreis haben alle einen Namen:

Kreislinie
Mittelpunkt (M)
Radius (r)
Durchmesser (d)

(2) Zeichne mit dem Zirkel Kreise.

a) mit dem Radius
2 cm; 3 cm, 5 cm; 4,5 cm; 2,5 cm

b) mit dem Durchmesser
4 cm; 8 cm; 7 cm; 5,6 cm; 4,8 cm

c) Was musst du beim Zeichnen mit dem Zirkel beachten? Erkläre.

(3) Zeichne einen Kreis mit dem Radius 2 cm. Zeichne um den gleichen Mittelpunkt weitere Kreise. Der Radius soll dabei immer um 1 cm größer werden.

(4) a) Bestimme jeweils Radius und Durchmesser der Kreise.

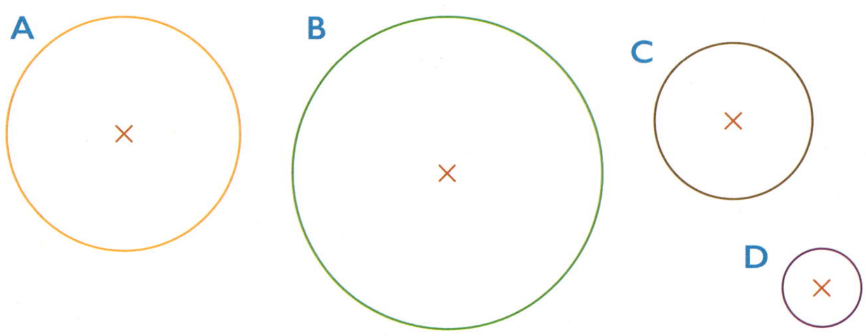

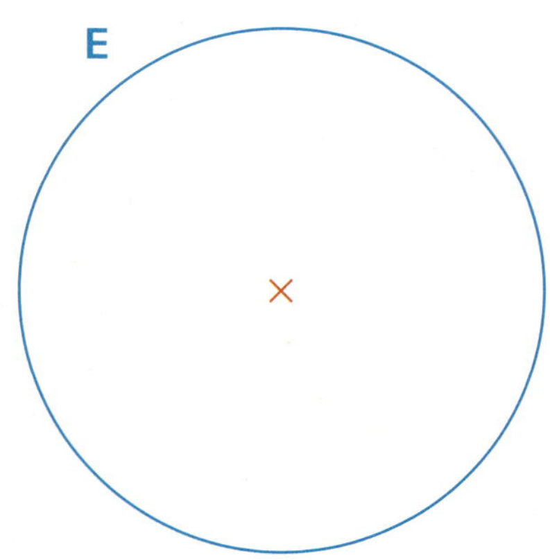

b) Vergleiche bei jedem Kreis Radius und Durchmesser. Was fällt dir auf?

1 Mit Schablonen und anderen Hilfsmitteln Kreise zeichnen; Kunstbild mit Kreisen erzeugen;
3, 4 Mit den neuen Fachbegriffen arbeiten

E▸51 AH▸51 A▸51

⑤ Zeichne genau ab und setze die Bandornamente fort. Male sie aus.

a)

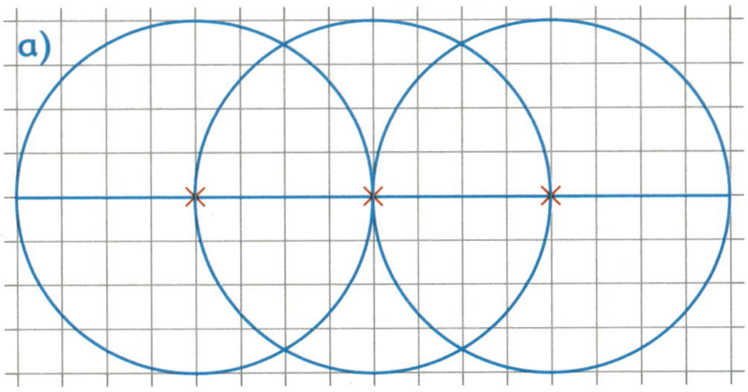

b)

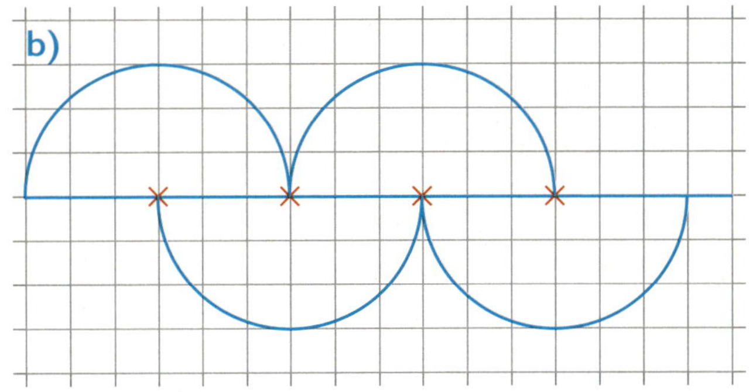

c) Zeichne eigene Bandornamente mit dem Zirkel.

⑥ Zeichne diese Figuren größer ab. Die eingezeichneten Mittelpunkte helfen dir.

a)

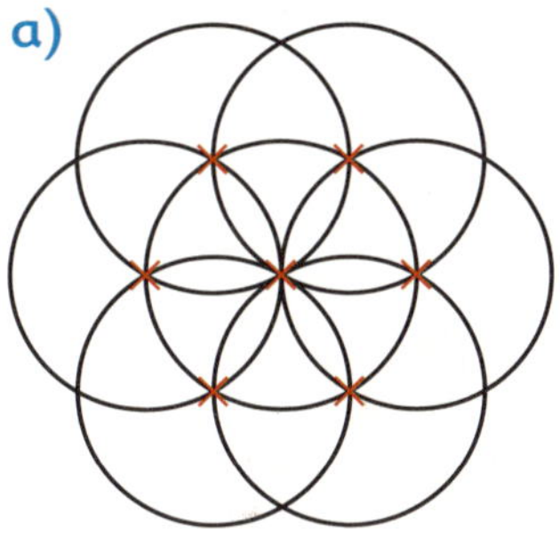

b)

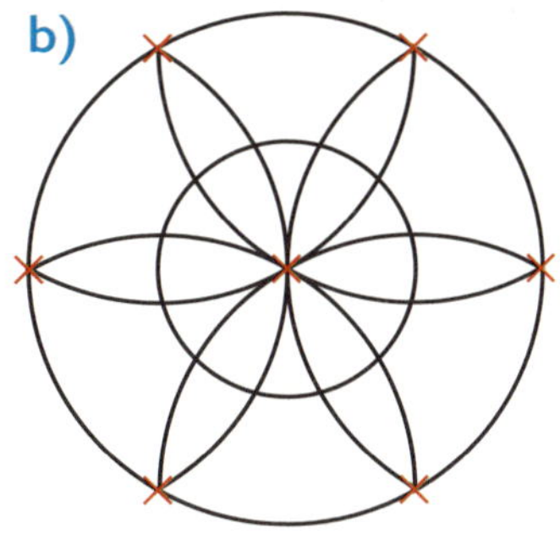

c)

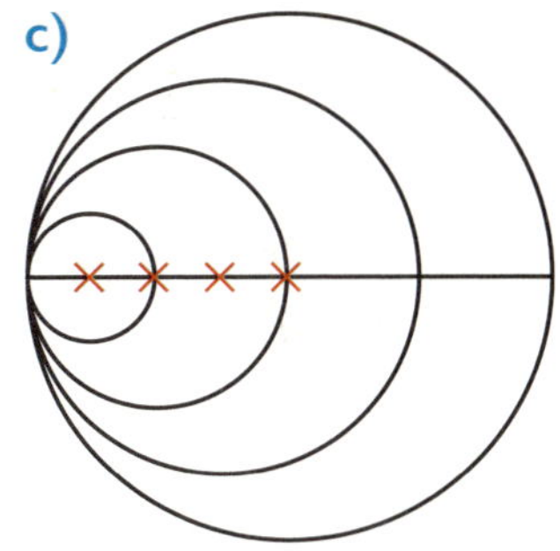

⑦ Zeichne nach Anleitung

a)
1. Markiere auf einer geraden Linie 5 Punkte im Abstand von 5 mm.
2. Zeichne um jeden Punkt einen Kreis mit r = 2 cm.

b)
1. Zeichne ein Quadrat mit der Seitenlänge 4 cm.
2. Zeichne um jeden Eckpunkt einen Viertelkreis mit r = 2 cm, so dass die Kreislinie innerhalb des Quadrates liegt.

c)
1. Zeichne ein Quadrat mit der Seitenlänge 5 cm.
2. Markiere die Mittelpunkte der Seiten.
3. Zeichne um jeden Seitenmittelpunkt einen Halbkreis mit r = 2,5 cm, so dass die Kreislinie innerhalb des Quadrates liegt.

Viertelkreis

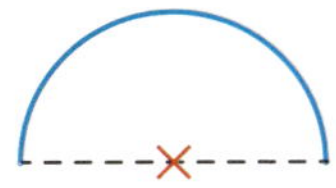

Halbkreis

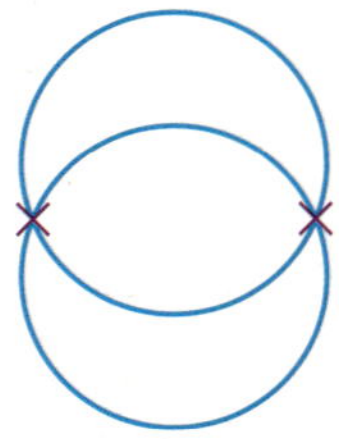

Schnittpunkte

d)
1. Zeichne einen Kreis mit r = 1,5 cm (Innenkreis).
2. Zeichne um denselben Mittelpunkt einen Kreis mit r = 2,5 cm (Außenkreis).
3. Wähle einen Punkt auf der Kreislinie des Innenkreises als Mittelpunkt. Zeichne mit dem Radius 1,5 cm ein Stück eines Kreisbogens so, dass die Kreislinie nicht über den Außenkreis hinausgeht.
4. Zeichne so fünf weitere Kreisbögen. Ihr Mittelpunkt soll immer auf einem der Schnittpunkte des vorhergehenden Kreisbogens mit dem Innenkreis liegen.

5, 6 Muster abzeichnen, markierte Mittelpunkte zur Orientierung nutzen;
7 Nach Anleitung zeichnen, Fachbegriffe verstehen

E▸51 AH▸51 A▸51

Vielfache und Teiler

1 Vielfache

1 2 3 4 5 6 7 8 9 10 11 12 13 14 15 16 17 18 19 20 21 22 23 24 25 26 27 28 29 30 31 32 33 34 35 36 37 38 39 40 41 42 43 44 45 46 47 48 49 50

Die blau markierten Zahlen gehören zur 3er-Reihe. Sie sind Vielfache von 3.

a) Schreibe alle Vielfachen von 3 zwischen 1 und 100 so auf: $V_3 = 3, 6, 9, \dots 99$

b) Die rot markierten Zahlen sind Vielfache von ___. Notiere die Vielfachen.

c) Bestimme alle Vielfachen von 4 zwischen 1 und 100. $V_4 = 4, 8, \dots$

2 Gemeinsame Vielfache

a) Ist 45 ein Vielfaches von 3, von 4 oder von 5?
Wie ist es mit 72 und mit 100?

b) Notiere die Zahlen bis 100, die gleichzeitig Vielfache von 3 und 5 sind. $V_{3,5} = 15, \dots$

c) Welche gemeinsamen Vielfachen haben 3, 4 und 5?

24 ist ein gemeinsames Vielfaches von 2 und 6.

3 Teiler

Ich suche alle Zahlen, durch die man 16 teilen kann, ohne dass ein Rest bleibt.

Teiler von 16
16 : 1 = 16
16 : 2 = 8
16 : 4 = 4
16 : 8 = 2
16 : 16 = 1
$T_{16} = 1, 2, 4, 8, 16$

Teiler von 15
15 : 1 = 15
15 : 3 = 5
15 : 5 = 3
15 : 15 = 1
$T_{15} = 1, 3, 5, 15$

15 kann man nur durch 1, 3, 5 und sich selbst teilen.

Notiere alle Teiler von 18, von 20, von 36, von 60 und von 100.

a) T_{18} = ___ **b)** T_{20} = ___ **c)** T_{36} = ___ **d)** T_{60} = ___ **e)** T_{100} = ___

4 Primzahlen

a) Notiere alle Teiler. T_2 = ___, T_{13} = ___,
T_{17} = ___, T_{29} = ___, T_{41} = ___, T_{67} = ___

b) Was fällt dir auf?

Zahlen, die genau zwei verschiedene Teiler haben, heißen Primzahlen.

5 **a)** Wie heißen die Zahlen?

b) Erfinde eigene Rätsel. Benutze die Begriffe „Teiler“, „Vielfaches“ und „Primzahl“.

Meine Zahl ist gerade und Teiler von 12 und 14. Lea

Meine Zahl ist eine gerade Primzahl. Tom

Meine Zahl ist Teiler von allen Zahlen. Max

Welche Zahl liegt zwischen 60 und 70 und ist gemeinsames Vielfaches von 4 und 8? Maria

1, 2 Begriffe „Vielfache“ und „gemeinsame Vielfache“ kennen lernen; **3** Begriff „Teiler“ kennen lernen; **4** Zahlen mit genau zwei natürlichen Teilern heißen Primzahlen; **5** Mit den Begriffen „Vielfache“, „Teiler“, „Primzahl“ umgehen

E▶52 AH▶52 A▶52

1

Überlege, welche Regeln die Kinder für die Teilbarkeit von Zahlen kennen.

2 **a)** Notiere alle durch 2 teilbaren Zahlen von der Tafel im Heft.

b) Schreibe die Zahlen auf, die du durch 5 teilen kannst. Notiere dann die Zahlen, die durch 10 teilbar sind.

c) Sieh dir die Zahlen genau an. Ergänze die Regeln im Heft.

Eine Zahl ist durch 2 teilbar, wenn …
Eine Zahl ist durch 5 teilbar, wenn …
Eine Zahl ist durch 10 teilbar, wenn …

3 Teilbarkeit durch 3

a) Dividiere diese Zahlen durch 3. Berechne die Quersumme (QS) jeder Zahl.

36 402	100 000	263 043	882 411
29 718	999 999	300 376	516 403

S. 105, Nr. 3
a) 36402 : 3 = …
QS: 3 + 6 + 4 + 2 = 15

b) Notiere die Zahlen aus **a)**, die du ohne Rest durch 3 teilen kannst. Schreibe immer ihre Quersumme dazu. Finde weitere Zahlen, die durch 3 teilbar sind. Notiere sie mit ihrer Quersumme. Was fällt dir an den Quersummen auf?

c) Ergänze die Regel und notiere sie als Merksatz.

Eine Zahl ist durch 3 teilbar, wenn ihre Quersumme …

4 Dividiere diese Zahlen durch 9. Findest du auch hier eine Regel?

73 089 87 621 162 349 208 125 21 402 299 862

5 Wahr oder falsch? Begründe.

Eine Zahl, die durch 3 teilbar ist, kann man auch durch 6 teilen. Ali

Jede durch 10 teilbare Zahl ist auch durch 5 teilbar. Lea

Alle Vielfachen von 3 haben eine durch 9 teilbare Quersumme. Nina

2 Regeln für die Teilbarkeit einer Zahl durch 2, 5 und 10 formulieren; **3, 4** Regel für die Teilbarkeit durch 3 bzw. durch 9 entwickeln; **5** Aussagen zur Teilbarkeit prüfen, Lösungen erklären

E▸52 AH▸52 A▸52

Gleichungen und Rechenketten

Ich berechne den Unterschied zwischen den beiden Zahlen.

Gesucht: das geheimnisvolle x

36 120 + x = 36 900

Ich rechne die Umkehraufgabe.

36 900 − 36 120 = 780
x = 780

1 Bestimme den Wert von x.

a)	b)	c)
340 + x = 424	518 − x = 308	x + 980 = 1 000
250 + x = 318	930 − x = 750	x + 1 630 = 1 740
410 + x = 638	625 − x = 115	x + 5 240 = 6 100
583 + x = 620	430 − x = 382	x + 2 418 = 3 000

S. 104, Nr. 1
a) 424 − 340 = 84
x = 84

2 Bestimme x.

a)	b)	c)
100 · x = 800	1 000 : x = 100	x · 8 = 96
400 · x = 1 200	2 400 : x = 300	x · 15 = 375
250 · x = 1 000	7 200 : x = 8	x · 40 = 1 280
150 · x = 600	3 200 : x = 20	x · 70 = 1 400

S. 104, Nr. 2
a) 800 : 100 = 8
x = 8

3 Zahlenrätsel als Rechenketten. Wie heißt die gesuchte Zahl?

Ich denke mir eine Zahl, multipliziere sie mit 5 und addiere 62. Das Ergebnis ist 102. Paula

x →(· 5) ___ →(+ 62) 102
x ←(: 5) ___ ←(− 62) 102

Ich schreibe als Rechenkette und rechne dann zurück. Aus →(· 5) wird ←(: 5).

Schreibe zu jedem Rätsel die Rechenkette. Rechne zurück und finde die Zahl.

A Ich dividiere meine Zahl durch 4, addiere 174 und erhalte 182.
x →(: 4) ___ →(+) 182

B Ich dividiere meine Zahl durch 2 und addiere 425. Dieses Ergebnis verdopple ich und erhalte 1000.
x → ___ → ___ → 1000

C Ich addiere 101 zu meiner Zahl und teile dann durch 10. Dann multipliziere ich mit 6 und erhalte 120.
x → ___ → ___ → 120

4 Erfinde zu jeder Rechenkette ein Zahlenrätsel. Wie heißt die gesuchte Zahl?

a) x →(− 70) ___ →(+ 6) 83
b) x →(· 4) ___ →(− 2 500) 1 500
c) x →(: 2) ___ →(+ 444) 1 444
d) x →(+ 80) ___ →(: 8) ___ →(− 12) 0
e) x → ___ → ___ → ___

Ich denke mir eine Zahl und subtrahiere 70. Dann addiere ich …

S. 104, Nr. 4
a) Ich denke mir eine Zahl …
x →(− 70) ___ →(+ 6) 83
x ←(+ 70) ___ ←(− 6) 83

1, 2 Einfache Gleichungen mit einer Unbekannten lösen; **3** Komplexe Zahlenrätsel mit Hilfe von Rechenketten lösen; **4** Zu Rechenketten Zahlenrätsel schreiben, den Wert von x bestimmen

E ▸ 53 AH ▸ 53 A ▸ 53

745 + x < 780
Lösungen für x: 0, 1, 2, … 34

745 + 35 = 780
Also muss x kleiner als 35 sein.

Ungleichungen – Welche Zahlen passen für x?

x · 12 < 36
L: 0, 1, 2

3 · 12 = 36
Also ist x kleiner als 3. Es gibt 3 Lösungen.

1 Bestimme den Wert von x.

Ungleichungen können auch keine oder viele Lösungen haben.

keine Lösung:
x + 8 < 5
L: keine Lösung

viele Lösungen:
x + 8 > 25
L: 18, 19, 20, …

mehrere Lösungen:
x + 8 < 25
L: 0, 1, 2, … 16

a)	b)
144 + x < 150	x + 430 > 500
73 + x < 100	x + 2471 < 2500
1089 + x < 1100	x + 1063 > 1080
4600 + x > 4650	x + 111 < 100

c)	d)
631 − x < 600	240 < 256 − x
450 − x > 425	810 > 811 − x
1000 − x > 988	360 < 350 − x
360 − x < 258	0 < 100 − x

2

a)	b)	c)	d)
x · 9 < 63	5 · x > 10	12 · x < 50	4 · x < ____
x · 11 < 50	17 · x < 40	300 · x < 1000	12 · x > ____
x · 17 < 14	15 · x > 40	500 · x > 2600	100 · x < ____
x · 20 < 300	16 · x > 30	250 · x < 250	40 · x < ____

3

a)	b)	c)
360 < x · 50 < 500	1000 > x · 250 > 251	500 < x · 300 < 1000
400 < 20 · x < 600	501 > x · 50 > 400	100 < x · 12 < 144
26 < 12 · x < 61	36 > 4 · x > 20	48 < 7 · x < 50

4 < oder > ? Setze das passende Zeichen ein.

a)			b)			c)		
460 + 63	○	520	3701 − 660	○	3040	30 · 71	○	2100
714 + 80	○	784	2652 − 1650	○	1000	70 · 42	○	2800
635 + 175	○	700	6415 − 2200	○	4315	40 · 89	○	3600
1400 + 644	○	2030	4182 − 582	○	3500	40 · 61	○	2400

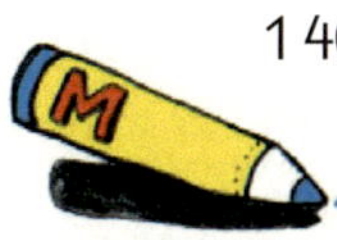

5 Finde Ungleichungen, die …

a) … nur eine Lösung haben.
b) … keine Lösung haben.
c) … die Zahlen 12, 13, 14, 15, 16 als Lösung haben.

Ich schreibe Ungleichungen mit unendlich vielen Lösungen.

1–3 Lösungen von Ungleichungen bestimmen; erfahren, dass Ungleichungen auch keine oder unendlich viele Lösungen haben können; **5** Ungleichungen mit vorgegebener Lösungsmenge finden

E▸53 AH▸53 A▸53

Forschen und entdecken

1 Summen in Zeilen der Hundertertafel

1	2	3	4	5	6	7	8	9	10
11	12	13	14	15	16	17	18	19	20
21	22	23	24	25	26	27	28	29	30
31	32	33	34	35	36	37	38	39	40
41	42	43	44	45	46	47	48	49	50
51	52	53	54	55	56	57	58	59	60
61	62	63	64	65	66	67	68	69	70
71	72	73	74	75	76	77	78	79	80
81	82	83	84	85	86	87	88	89	90
91	92	93	94	95	96	97	98	99	100

a) Wie groß ist die Summe aller Zahlen in der 1. Zeile?

b) Berechne die Summe in der 2. Zeile.
Vergleiche mit der Summe der 1. Zeile.

M Fasse geschickt zusammen!

c Vergleiche die Zahlen in der 1. Zeile mit den Zahlen in der 2. Zeile.
Was verändert sich? Was bleibt gleich?
Kannst du die Summe in der 2. Zeile aus der Summe in der 1. Zeile berechnen?

d Um wie viel verändern sich die Summen von Zeile zu Zeile?

e) Wie groß ist die Summe aller Zahlen in der letzten Zeile?

2

Die Summe aller Zahlen bis 100

Der bedeutende Mathematiker Carl Friedrich Gauß (1777–1855) sollte als Schüler im 3. Schuljahr die Summe aller Zahlen von 1 bis 100 bilden. Der Lehrer nahm an, dass er ihn damit eine ganze Weile beschäftigen könnte. Schon nach kurzer Zeit fand C. F. Gauß zum Erstaunen seines Lehrers die Summe.

Wie löst du diese Aufgabe?
Notiere deine Überlegungen und deinen Lösungsweg.

3 Gerade Zahlen und ungerade Zahlen in der Hundertertafel

a) Berechne die Summe aller ungeraden Zahlen in der ersten Hundertertafel. Es gibt mehrere geschickte Rechenwege.

b Berechne die Summe aller geraden Zahlen.
Vergleiche mit dem Ergebnis von **a)**.
Findest du eine Erklärung?

1	2	3	4	5	6	7	8	9	10
11	12	13	14	15	16	17	18	19	20
21	22	23	24	25	26	27	28	29	30
31	32	33	34	35	36	37	38	39	40
41	42	43	44	45	46	47	48	49	50
51	52	53	54	55	56	57	58	59	60
61	62	63	64	65	66	67	68	69	70
71	72	73	74	75	76	77	78	79	80
81	82	83	84	85	86	87	88	89	90
91	92	93	94	95	96	97	98	99	100

101	102	103	104	105	106	107	108	109	110
111	112	113	114	115	116	117	118	119	120

1 Durch geschicktes Zusammenfassen die Zahlen schnell addieren; Zahlen vergleichen, auf Summen der Zahlen schließen; **2** Erfahrungen aus **1** – geschicktes Zusammenfassen – nutzen, eigenen Lösungsweg beschreiben; **3** Erkenntnisse aus **1** und **2** nutzen E▸54 AH▸54 A▸54

4 Mit 11 multiplizieren – Ganz einfach!

a) Rechne und beschreibe, was dir auffällt.

$23 \cdot 11 =$ ___
$35 \cdot 11 =$ ___
$27 \cdot 11 =$ ___
$42 \cdot 11 =$ ___

$17 \cdot 11 =$ ___
$24 \cdot 11 =$ ___
$72 \cdot 11 =$ ___
$52 \cdot 11 =$ ___

M Vergleiche immer die Zahl, die du mit 11 multiplizierst mit der Ziffernfolge im Ergebnis!

Wenn du die Aufgaben schriftlich rechnest, findest du eine Erklärung.

b) Kannst du auch hier einfach rechnen? Probiere und erkläre.

$48 \cdot 11$ | $79 \cdot 11$ | $85 \cdot 11$ | $99 \cdot 11$

5 Immer die Ziffer 1 – Aufgabenreihen

a) Rechne und beschreibe, was dir auffällt. Kannst du die nächste Aufgabe und ihr Ergebnis sofort hinschreiben?

$26 \cdot 1 =$ ___
$26 \cdot 11 =$ ___
$26 \cdot 111 =$ ___
$26 \cdot 1111 =$ ___
___ · ___ = ___

$54 \cdot 1 =$ ___
$54 \cdot 11 =$ ___
$54 \cdot 111 =$ ___
$54 \cdot 1111 =$ ___
___ · ___ = ___

b) Erprobe eigene Zahlen. Bei welchen Zahlen entsteht dieses Muster? Bei welchen nicht?

c) Nicht immer ergibt sich das Muster. Versuche eine Begründung zu finden.

6 Zahlenzauber in einem Dreieck

Im „Pascalschen Dreieck", benannt nach dem französischen Mathematiker Blaise Pascal (1623–1662), steht an der Spitze und an den Rändern jeder Zeile eine 1. Es werden immer zwei benachbarte Zahlen addiert und im Feld darunter wird die Summe notiert.

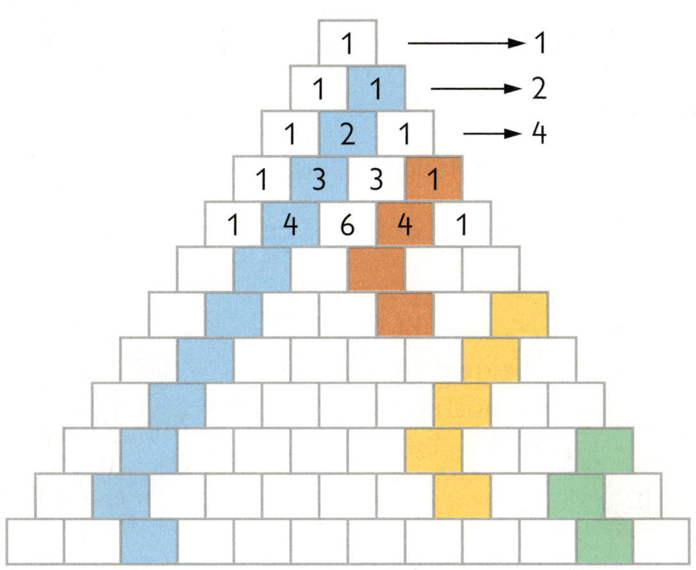

a) Fülle das Dreieck weiter aus. Was fällt dir auf?

b) Schau dir die Zahlen in den farbigen Feldern an. Was entdeckst du? Finde weitere Beispiele.

c) Addiere die Zahlen in den Zeilen und notiere die Ergebniszahlen (→). Gib die Regel dieser besonderen Zahlenfolge an.

d) Probiere, folgende Zahlen nur durch Addition der Ergebniszahlen von **c)** zu erreichen: 23, 44, 63, 65, 71
Du darfst jede Ergebniszahl nur einmal benutzen.

S. 107, Nr. 6
d) 23 = 16 + 4 + 2 + 1

Probiere auch andere Zahlen zu erreichen. Was entdeckst du?

4, 5 Durch schriftliches Rechnen lassen sich die Erklärungen finden; **6** Entdeckungen im Pascalschen Dreieck; Kopiervorlage zum Ausfüllen des Dreiecks nutzen

E▸54 AH▸54 A▸54

Informationen in einer Tabelle übersichtlich ordnen

1

1. Containerschiff

2. Tankschiff

3. Kreuzfahrtschiff

4. Schüttgutfrachter

Diese vier Schiffe verlassen am gleichen Tag den Hafen. Das Containerschiff kehrt alle 8 Wochen in den Hafen zurück, das Tankschiff alle 4 Wochen, das Kreuzfahrtschiff alle 6 Wochen und der Schüttgutfrachter alle 3 Wochen.

a) Nach wie vielen Wochen treffen alle vier Schiffe wieder im Hafen zusammen?

Das weiß ich schon: …

Das 1. und 2. Schiff treffen alle __ Wochen im Hafen zusammen.
Das 3. und 4. Schiff treffen alle __ Wochen wieder im Hafen zusammen.

	Nach __ Wochen zurück
Containerschiff	8, 16, …
Tankschiff	
Kreuzfahrtschiff	
Schüttgutfrachter	

Woche	1	2	3	4	5	6	7	8	9	10	…
Containerschiff								×			…
Tankschiff				×				×			…
Kreuzfahrtschiff						×					…
Schüttgutfrachter			×			×			×		…

Führe beide Lösungsideen in deinem Heft zu Ende. Vergleiche.

b) Wann treffen zum ersten Mal drei der vier Schiffe wieder im Hafen zusammen?

c) In welcher Darstellung kannst du die Lösungen besser ablesen? Begründe.

d) Erkläre.

1 Schwierige Aufgaben mit Hilfe von Tabellen in den Griff bekommen; Tabellen helfen, Informationen übersichtlich darzustellen und daraus Schlussfolgerungen zu ziehen

E▸55 AH▸55 A▸55

Skizzen zur Lösung komplizierter Sachsituationen nutzen

2 Ein Schwimmbecken kann durch die Rohre A und B mit Wasser gefüllt werden.
Mit Rohr A allein dauert das Füllen des Beckens 30 Stunden.
Mit Rohr B allein dauert es 60 Stunden.
Wie lange dauert es, wenn das Becken gleichzeitig mit beiden Rohren gefüllt wird?

a) Prüfe zuerst beide Überlegungen. Begründe, welche richtig oder welche falsch ist.

A 60 h + 30 h = 90 h   90 h : 2 = 45 h
Beide Rohre müssen also 45 h laufen.

B Es müssen weniger als 30 Stunden sein.

b) Mit einer Skizze kannst du dir helfen. Erkläre.

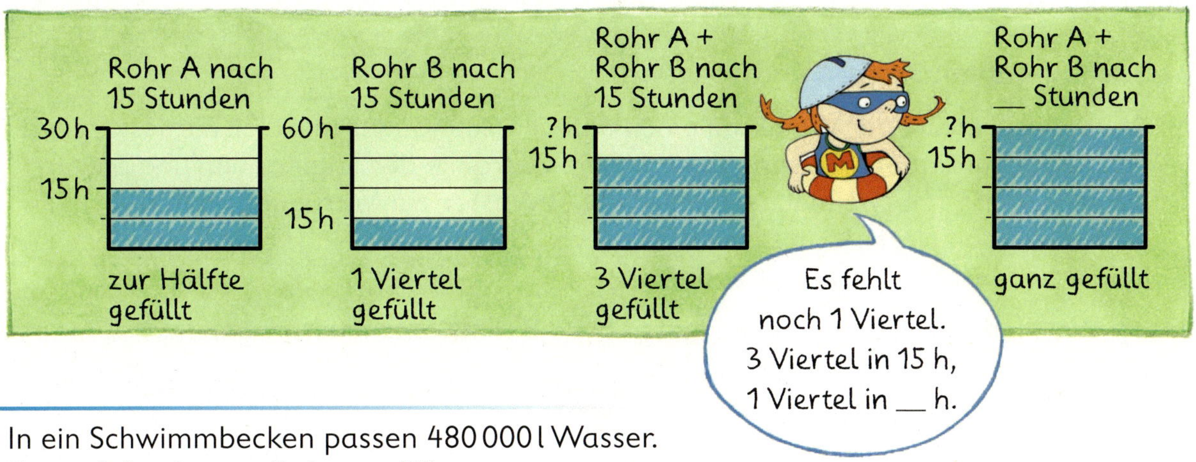

3 **a)** In ein Schwimmbecken passen 480 000 l Wasser.
Es wird durch zwei Rohre gefüllt.
Mit Rohr A allein dauert das Füllen 30 Stunden,
mit Rohr B allein dauert es 60 Stunden.
Wie lange dauert es, wenn das Becken gleichzeitig mit beiden Rohren gefüllt wird?

Zeit	Rohr A	Rohr B	beide Rohre
1 h	16 000 l	8 000 l	24 000 l
2 h	32 000 l	16 000 l	

b) Vermute zuerst, in welcher Zeit dieses Becken voll wird, wenn beide Rohre laufen:
In das Becken passen 360 000 l Wasser.
Von Rohr 1 allein wird es in 30 Stunden gefüllt, von Rohr 2 allein in 60 Stunden.
Überprüfe deine Vermutung mit Hilfe einer Skizze, einer Tabelle oder …

4 Vergleiche die Ergebnise der Aufgaben 2, 3 a) und 3 b).
Was stellst du fest?
Probiere eine Erklärung zu finden.

2 Schwierige Aufgaben durch Veranschaulichung mit einer Skizze in den Griff bekommen;
3 Skizzen oder Tabellen nutzen

E▸55 AH▸55 A▸55

Das kann ich schon!

① Zeitpunkte – Zeitspannen

Bahnhof/Haltestelle	Datum	Zeit	Gleis	Produkte
Düsseldorf Hbf	Fr, 14.11.08	ab 07:27	15	ICE 513
Köln Hbf	Fr, 14.11.08	an 07.49	6	
Köln Hbf	Fr, 14.11.08	ab 07.53	7	ICE 25
Mainz Hbf	Fr, 14.11.08	an 09.38	4 a	
Mainz Hbf	Fr, 14.11.08	ab 09.52	6 a	RB 18027
Mannheim Hbf	Fr, 14.11.08	an 11.14	9	

Herr Schulze hat diese Zugverbindung von Düsseldorf nach Mannheim benutzt.

a) Wie lange dauerte seine Reise?

b) Wie lang war die reine Fahrtzeit?

c) Wie lange musste er insgesamt beim Umsteigen warten?

d) In welchem Zug hat Herr Schulze die längste Zeit verbracht?

② Sachaufgaben: Skizzen und Tabellen

Am Sponsorenlauf der Waldschule nehmen alle 280 Kinder teil. Der Förderverein hilft bei der Organisation und sorgt auch für die Getränke der Läuferinnen und Läufer. Für jedes Kind soll zweimal ein Becher mit $\frac{1}{4}$ l Wasser zur Verfügung stehen. Vorher werden Flaschen mit einem Inhalt von 0,7 l Wasser eingekauft. Wie viele Flaschen werden benötigt?

a) Welche Skizzen und Tabellen helfen beim Beantworten der Frage?

b) Führe eine oder mehrere der Lösungsideen zu Ende und beantworte die Frage.

A

B

C

Flasche	1	10	20	…
Inhalt	0,7 l			

D

Becher	1	4	40	…
Inhalt	$\frac{1}{4}$ l			

③ Symmetrie

a) Übertrage die Figuren in dein Heft. Spiegle zuerste an der roten, dann alles an der blauen Achse.

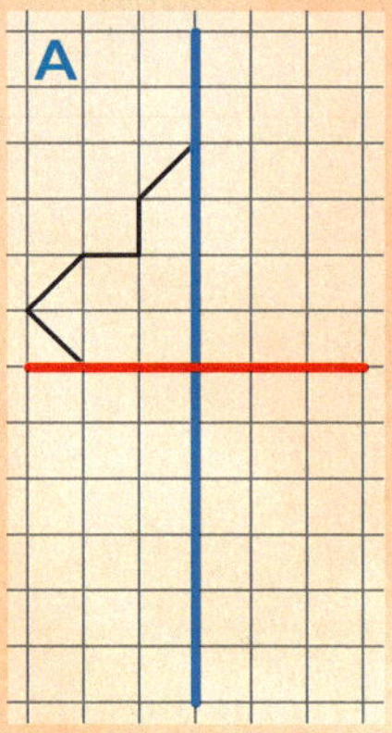

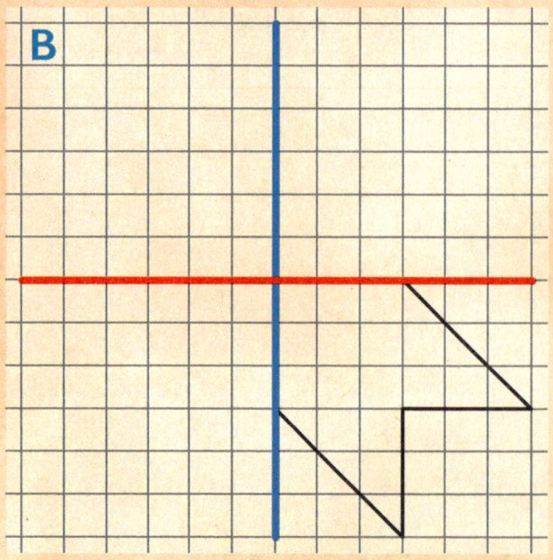

b) Zeichne in dein Heft und ergänze zu drehsymmetrischen Figuren mit dem eingezeichneten Drehpunkt.

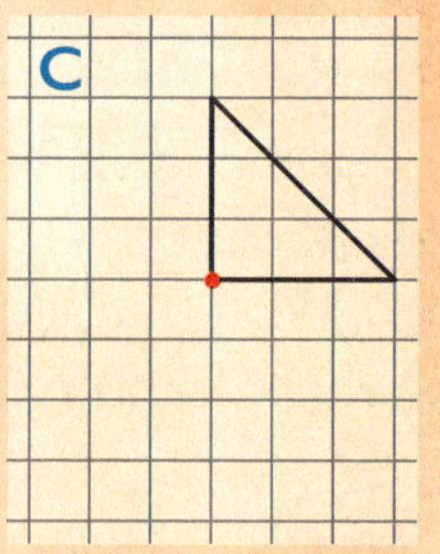

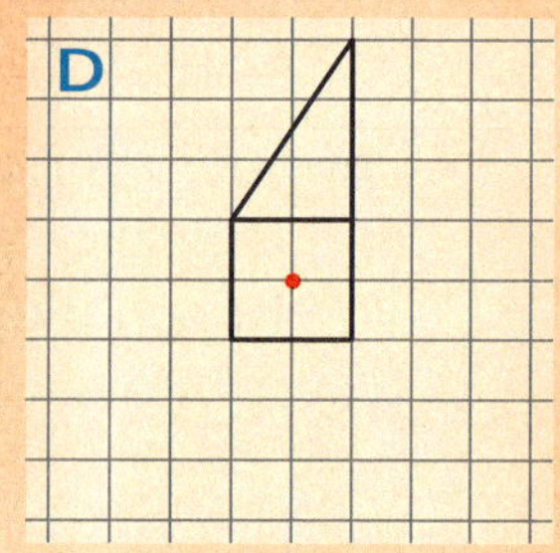

c) Lege den Drehpunkt der Figur **B** an eine Ecke des Quadrates. Ergänze wieder zu einer drehsymmetrischen Figur.

1 Fahrplan lesen, Zeitspannen berechnen; **2** Sachaufgabe mit einer der Skizzen/Tabellen lösen

E▸56 A▸56

4 Kreis – Zirkel

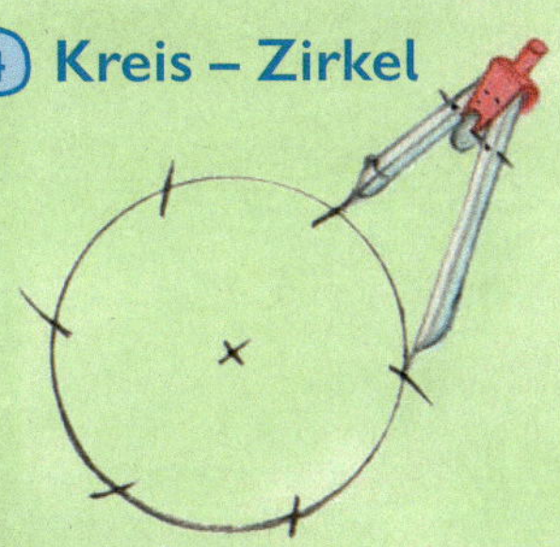

a) 1. Zeichne mit dem Zirkel einen Kreis.
   2. Trage den Radius sechsmal auf der Kreisline ab.
   3. Nimm diese Punkte als Mittelpunkte und zeichne weitere Kreise mit demselben Radius.

b) Erfinde eigene Muster mit Zirkel und Lineal.

5 Vielfache – Teiler

a) Bestimme alle Vielfachen von 4 zwischen 40 und 90.

b) Notiere aus dem Zahlenraum von 1 bis 100 alle Zahlen, die gleichzeitig Vielfache von 6 und 9 sind.

c) Welche Zahlen, die kleiner als 100 sind, sind gemeinsame Vielfache von 3, 4 und 6?

d) Bestimme die Teiler der folgenden Zahlen. 18 40 48 29 100

6 Teilbarkeit

a) Welche Zahlen sind durch 2, 3, 5 oder 10 teilbar?

teilbar durch	2	3	5	10
17 514	×			

17 514 324 350 174 408 8 945 66 666 6 743 27 900 809 705 176 941

b) Finde eine eigene Zahl, die durch 2, 3, 5 und 10 teilbar ist.

7 Gleichungen

Bestimme den Wert von x.

a) $5910 + x = 10000$
$x + 25830 = 30000$

b) $x - 4710 = 3500$
$56000 - x = 54800$

c) $25 \cdot x = 1000$
$x \cdot 300 = 27000$

d) $x : 80 = 60$
$56000 : x = 80$

8 Ungleichungen

Gib alle Lösungen für x an.

a) $46 + x < 100$
$x + 75 > 100$

b) $1000 - x < 2$
$100 - x > 100$

c) $500 \cdot x < 3000$
$20 \cdot x > 1000$

d) $x : 2 > 8$
$x : 5 < 5$

4 Nach Anleitung zeichnen, Fachbegriffe verstehen; 6 Die Teilbarkeitsregeln anwenden

E▸56 A▸56

Sachrechnen – Die Meyer Werft

Eine Werft ist ein Betrieb zum Bau von Schiffen. Die Meyer Werft in Papenburg ist seit 1795 in Familienbesitz. Sie gehört international zu den modernsten Werften. Gebaut werden Spezialschiffe wie Kreuzfahrtschiffe, Fähren, Containerschiffe.

1 **a)** Das *M* des Schriftzuges *JOS.L. MEYER PAPENBURG* ist 7 m hoch und 10,5 m breit. Schätze die Länge des gesamten Schriftzuges und die Größe der Halle 5.

b) Das mit ca. 45 000 t Gewicht größte und mit 616 Millionen Euro teuerste Kreuzfahrtschiff, das je in Deutschland gebaut wurde, ist die *Celebrity Solstice* („Sommersonnenwende"). Sie hat am 28. September 2008 die Meyer Werft verlassen. Gebaut wurde sie in Halle 6 im Baudock II. Die Halle ist 384 m lang, 125 m breit und 75 m hoch. Sie wird gerade um 120 m verlängert. Notiere die neuen Maße der Halle 6.

c) Ein Fußballfeld ist 68 m breit und 100,5 m lang. Vergleiche mit den neuen Maßen der Halle.

2

Hier liegt die *Solstice* im Baudock. Man kann ein Baudock mit einer Badewanne vergleichen. Es ist zu Beginn des Schiffsbaus leer und wird später, wenn das Schiff fertig ist, mit Wasser gefüllt. Das Füllen dauert 2,5 Stunden, das Leeren 4 Stunden.

a) Die Bauzeit der *Solstice* betrug ca. 22 Monate. Wann startete der Bau?

b)

Celebrity Solstice – Technische Daten	
Länge	315 m
Breite	37 m
Höhe	65 m
Tiefgang	8 m
Geschwindigkeit	24 Knoten (ca. 45 km/h)
Passagierkapazität	2 852
Außen-/Innenkabinen	1 286/140
Besatzung	ca. 1 271 Personen
Decks	13

Vergleiche die Schiffsmaße mit den Maßen eines Fußballfeldes. Was kannst du noch berechnen?

c) Wenn das Baudock mit einem Gartenschlauch gefüllt werden müsste, würde es 11 313 Tage dauern, um mit 162 900 000 l Wasser die 11 m Wassertiefe zu erreichen. Wie viele Jahre wären das?

d) Ist ein Schiff fertig gebaut, muss es durch die Ems bis zur Nordsee gesteuert werden. Die Durchfahrtsbreite der Schleusen beträgt nur etwa 44 m. Wie viel Platz bleibt rechts und links des Schiffes?

1, 2 Den Texten Informationen entnehmen und zur Lösung der Fragestellungen nutzen; **1** Schätzen üben, Vergleiche berechnen: Wievielmal länger/breiter als ein Fußballfeld ist die Halle? **2** Maße des Schiffes anhand des Vergleichsmaßes „Fußballfeld" erfassen, Vergleiche berechnen E▸57 AH▸56 A▸57

(3)

Weitere Daten der Solstice	
verlegter Teppichboden	ca. 40 000 m^2
Rohrleitungen	212 km
Kabel und Leitungen	2 658 km
Lampen	ca. 45 000
aufgebrachte Farbe	320 t
verbaute Bleche (je 10 m × 3 m)	94 000
verbaute Einzelteile (Rohre …)	ca. 15 000 000
Menschen, die am Schiff mitarbeiteten	ca. 13 000 (davon 2 500 Werftarbeiter)
Firmen, die am Schiff arbeiteten	ca. 1 000

Andere Daten zum Vergleich	
Entfernung Flensburg – München	972 km
Entfernung Berlin – Wolfsburg	228 km
Gewicht eines Autos	ca. 1 t
10-l-Eimer Wandfarbe	ca. 16 kg
Fußballfeld	68 m x 100,5 m
Theater „König der Löwen“	850 Lampen

Berechne weitere Vergleiche.

(4) Im Schiff gibt es eine Kläranlage, eine Müllverbrennungsanlage, eine Müllpresse- und Schreddereinrichtung sowie die Möglichkeit, aus Salzwasser Frischwasser zu erzeugen. An Bord können an einem Tag bis zu 2 180 000 l Trinkwasser erzeugt werden. Der durchschnittliche Wasserverbrauch pro Person beträgt etwa 250 Liter am Tag. Berechne den Verbrauch für die *Celebrity Solstice* pro Tag / pro Woche.

(5) Der Dieselmotor benötigt ungefähr 7,5 t Treibstoff pro Stunde. An einem Kreuzfahrt-Tag fährt das Schiff 6 Stunden, an einem anderen Tag sind es 13 Stunden. Berechne jeweils den Verbrauch.

(6) Fotos aus dem Inneren der *Celebrity Solstice*

Theater mit 1 095 Sitzplätzen

Hauptspeisesaal

Passagierkabine

Die *Celebrity Solstice* wird im Winter in der Karibik und im Sommer im Mittelmeer eingesetzt. Was interessiert dich noch? Unter www.meyerwerft.de findest du viele weitere Informationen.

3 Durch Vergleich mit Alltagsgrößen die Menge des verbauten Materials erfassen; Vergleiche berechnen
E▸57 AH▸56 A▸57

① Die römischen Zahlen wurden lange Zeit in Europa benutzt. Die Zahlen bestanden noch nicht aus Ziffern, sondern aus Buchstaben.

Wo hast du schon einmal römische Zahlen gesehen?

② Regeln für das Lesen und Schreiben römischer Zahlen

I = 1 V = 5
X = 10 L = 50
C = 100 D = 500
M = 1000

Ein Zahlzeichen, das rechts neben einem größeren oder gleichen Zeichen steht, wird addiert.

XXX = 10 + 10 + 10 = 30
DL = 500 + 50 = 550

Stehen I, X oder C links von einem größeren Zahlzeichen, wird subtrahiert.

IX = 10 − 1 = 9 XC = 100 − 10 = 90

Es dürfen höchstens drei gleiche Zeichen hintereinander stehen.

III = 1 + 1 + 1 = 3 IV = 5 − 1 = 4

Ausnahme:
V, L und D dürfen nur einmal vorkommen.

a) Schreibe die Zahlen von 1 bis 20 mit römischen Zahlzeichen.

b) Wie heißen diese Zahlen?

XXII, VII, XVII, XXIV, XIX, LXIV, MDLX, MLVI, MMDI

7, 17, 19, 22, 24, 64, 1056, 1560, 2501

c) Schreibe mit römischen Zahlzeichen.
25, 34, 135, 515, 1111, 1416, 3065, 2507, 1699

③ Übersetze die Zahlen in Aufgabe ① in unsere Zahlen.

④ Schreibe einen Steckbrief von dir. Benutze römische Zahlen. Vergiss nicht dein Alter, dein Geburtsdatum, deine Adresse mit Postleitzahl, deine Telefonnummer …

⑤ Das Volk der Inka in Südamerika hat Zahlen mit Hilfe von Knotenschnüren dargestellt.

a) Schau dir die Schnüre genau an. Erkläre, wie mit den Knotenschnüren Zahlen dargestellt wurden.

2 20 200 2 000 21 211 3 203

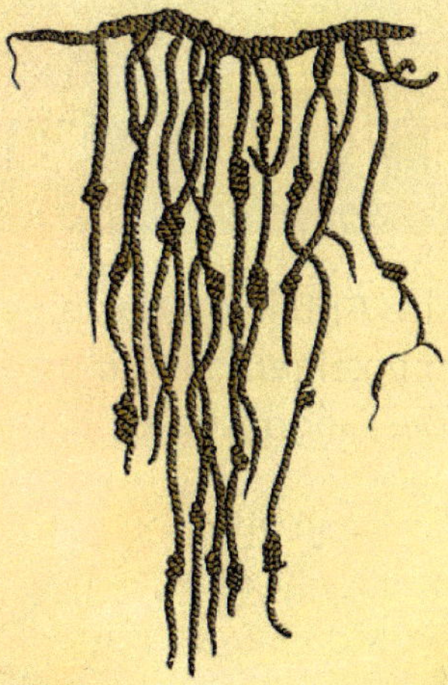

b) Welche Zahlen sind es?

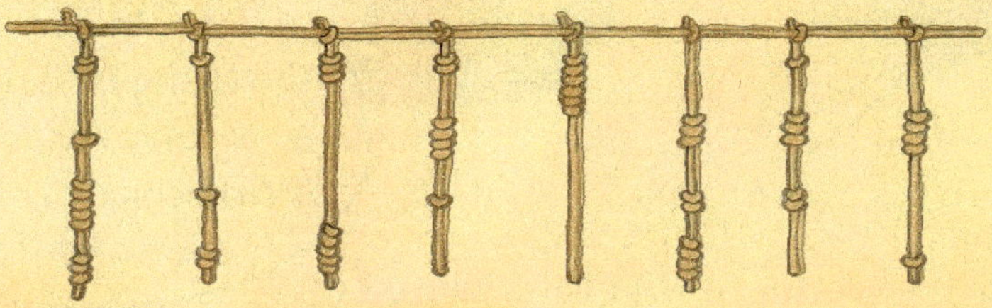

A B C D E F G H

⑥ a) Knote diese Zahlen: 5 423, 2 134, 3 018, 1 926

b) 4 Knoten. Welche Zahl bis 10 000 kann es sein?

⑦ Das Mayavolk in Mittelamerika benutzte zur Zahlendarstellung Striche und Punkte. • = 1 — = 5
Die Null wurde oft als Muschel oder als geschlossene Faust dargestellt. (Muschel) = 0

a) Schreibe die Zahlen von 1 bis 19.

1 2 … 5 6 … 10 11 … 19

b) Größere Zahlen werden von unten nach oben gelesen. Ein Zeichen in einer höheren Reihe zählt 20-mal so viel. Erkläre und ergänze die Zahlen bis 40.

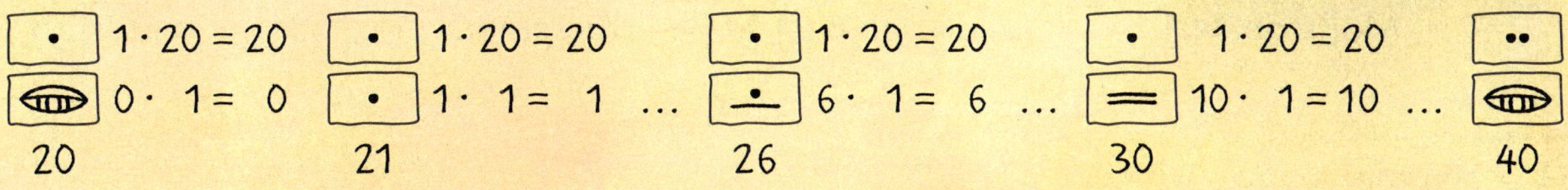

⑧ Wie heißen diese Zahlen?

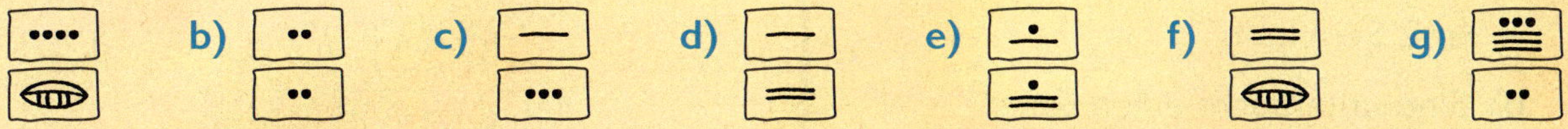

h) Welche ist die größte Zahl, die man mit zwei Reihen darstellen kann? Wie geht es dann weiter?

Vergrößern

1

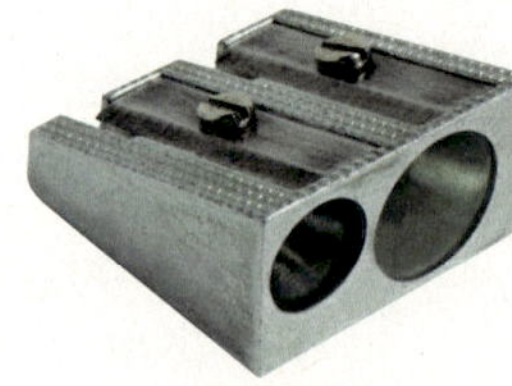

Welche Abbildungen zeigen Vergrößerungen der Gegenstände? Welche zeigen die Dinge verkleinert? Auf welchen Abbildungen sind die Gegenstände in ihrer wirklichen Größe zu sehen?

Maßstab 1 : 1

Maßstab 4 : 1

Maßstab 4 : 1

Bild : Wirklichkeit

2 Miss die Längen der abgebildeten Tiere. Berechne, wie groß sie in Wirklichkeit sind.

S. 1 1 6 , Nr. 2

	Biene	Laus
Länge Bild	4, 5 cm	
Maßstab	3 : 1	
Länge Wirklichkeit	1, 5 cm	

Maßstab 3 : 1

Maßstab 6 : 1

Maßstab 2 : 1

Maßstab 1 : 1

3 Bestimme den Maßstab.

a) In einem Sachunterrichtsbuch ist ein 7,5 cm langer Käfer abgebildet. In Wirklichkeit ist er 2,5 cm lang.

b) Sina untersucht einen 6 mm großen Käfer mit der Lupe. Durch die Lupe erscheint er 3 cm groß.

Der Maßstab gibt an, wie viele Male etwas vergrößert oder verkleinert wurde.

10 : 1

Bild : Wirklichkeit

10 cm im Bild entsprechen 1 cm in Wirklichkeit.

1–3 Begriff „Maßstab" sowie die maßstäbliche Vergrößerung kennen lernen

E▸59 AH▸58 A▸59

1

Maßstab 1 : 2 600

Wie groß sind die abgebildeten Tiere in Wirklichkeit? Notiere in einer Tabelle.

1 : 100

1 : 75

1 : 60

1 : 40

2 In Katalogen oder Büchern werden of die Maßstäbe 1 : 2, 1 : 10 oder 1 : 100 verwendet. Überlege mit einem Partner, in welchem Maßstab diese Gegenstände abgebildet sind und wie groß sie in Wirklichkeit sind.

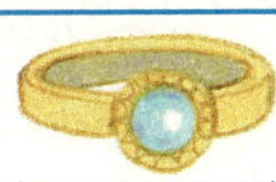

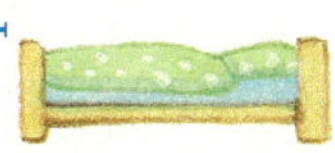

S. 117, Nr. 2

	Stift	…
Bild	8 cm	…
Wirklichkeit	16 cm	…
Maßstab	1 : 2	

3 Schneide Bilder von Gegenständen aus, die …

a) … etwa im Maßstab 1 : 2 abgebildet sind.

b) … etwa im Maßstab 1 : 10 abgebildet sind.

c) Wähle einen eigenen Maßstab und sammle Abbildungen dazu.

1 : 10
Bild : Wirklichkeit

Maßstab 1 : 10 bedeutet:
In Wirklichkeit ist alles 10-mal so groß.

1 cm im Bild entspricht 10 cm in Wirklichkeit.
1 m im Bild entspricht 10 m in Wirklichkeit.

1–3 Die maßstäbliche Verkleinerung kennen lernen; 3 Aufmerksam werden für maßstäbliche Abbildungen im Alltag

E▸59 AH▸58 A▸59

Innenstadt Köln

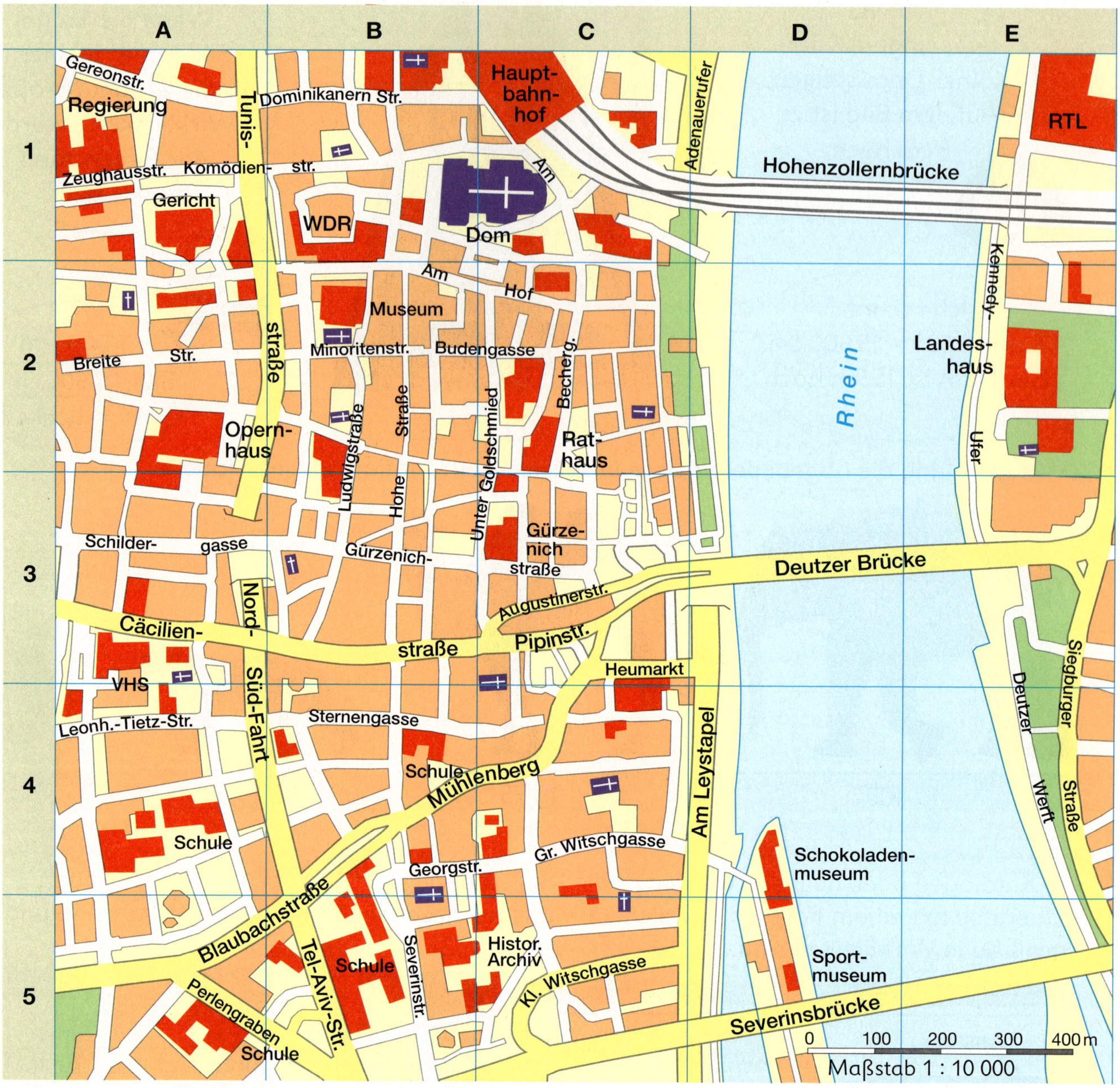

1 Familie Mayer aus Düsseldorf plant einen Ausflug mit dem Zug nach Köln.

a) Suche die 5 genannten Orte im Stadtplan. Notiere das Planquadrat, in dem sie liegen.

b) Wie weit sind die Ziele etwa vom Hauptbahnhof entfernt? Miss die Weglängen entlang der Straßen und berechne die wirklichen Entfernungen.

c) Wie lang ist jeweils die Luftlinie zwischen dem Hauptbahnhof und den 5 Zielen?

1 Orientierung im Stadtplan; mit Hilfe des Maßstabes Entfernungen bestimmen

E▸60 AH▸59 A▸60

② Die Familie möchte einen Rundgang machen, bei dem sie an den Wunschzielen von Vater, Nicole und Leon vorbeikommt. Der Rundgang startet und endet am Dom.

a) Wie können sie gehen? Notiere die einzelnen Etappen. Berechne die ungefähren Wegstrecken zwischen den einzelnen Zielen und die Länge des gesamten Rundgangs.

b) Wie lange benötigt Familie Mayer für die Wegstrecken zwischen den einzelnen Zielen?

> **M** Zu Fuß kannst du etwa 4 km in einer Stunde zurücklegen.

③ Die Mutter möchte bei ihrem Spaziergang nicht zweimal die gleiche Strecke gehen, sondern beide Rheinseiten kennen lernen.

a) Welche Entfernung muss man etwa bei der Überquerung des Rheins auf der Hohenzollernbrücke zurücklegen?

b) Wie weit liegen die drei Brücken jeweils voneinander entfernt?

c) Überlege dir einen möglichen Spaziergang vom Dom bis zur Severinbrücke und zurück. Berechne die ungefähre Entfernung und die Dauer.

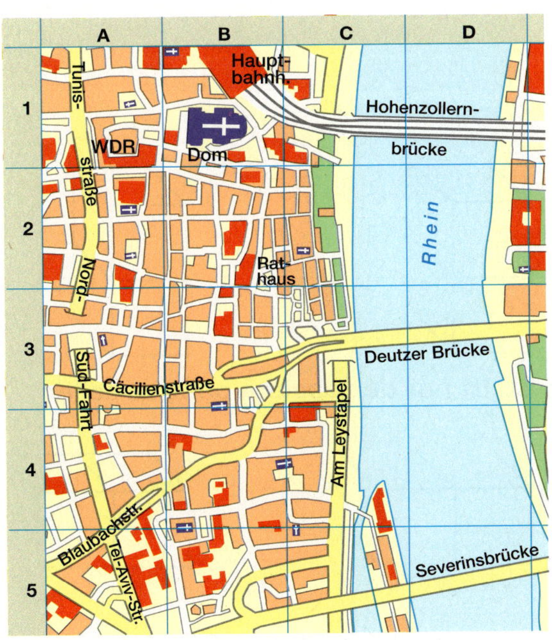

④ **a)** Hier siehst du eine weitere Karte der Kölner Innenstadt. In welchem Maßstab ist sie ungefähr gezeichnet? Begründe.

b) Welche der beiden Karten von Köln ist genauer?

⑤ Suche selbst Karten und Stadtpläne heraus. Sieh dir die Maßstäbe an und notiere, wie vielen Metern in Wirklichkeit 1 Zentimeter auf der Karte entspricht.

S. 119, Nr. 5

Karte	1 cm	…
Maßstab	1 : 20000	…
Wirklichkeit	200 m	

⑥ Überlege dir mit einem Partner einen Rundgang durch Köln. Der Weg soll 4 bis 5 Kilometer lang sein. Der Rundgang soll am gleichen Ort starten und enden. Notiert die einzelnen Etappen. Wie lang ist euer Rundgang? Wie lange dauert er?

2, 3 Mit dem Maßstab arbeiten, Wegstrecken damit ungefähr bestimmen; **4** Durch Vergleich mit dem Plan auf Seite 118 den Maßstab dieses Planes ableiten, Aussagen über die Genauigkeit von Maßstabsangaben treffen

E ▸ 60 AH ▸ 59 A ▸ 60

Schrägbilder

(1) Immer zwei Teile sind gleich. Ordne zu.

a) b) c) d) e) f) g)

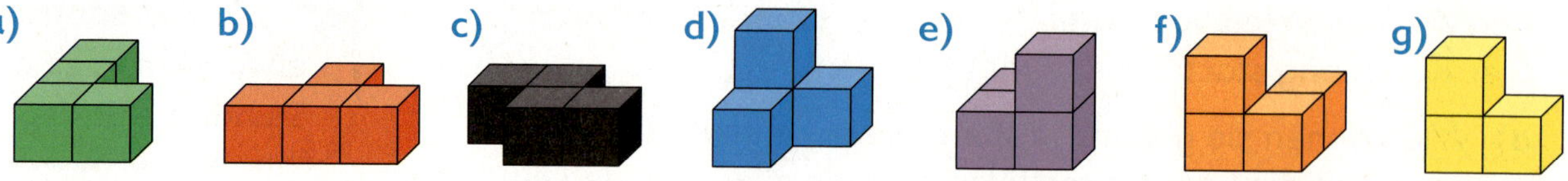

L, T, Z, Ecke, linke Hand, rechte Hand, Drilling

A B C D E F G

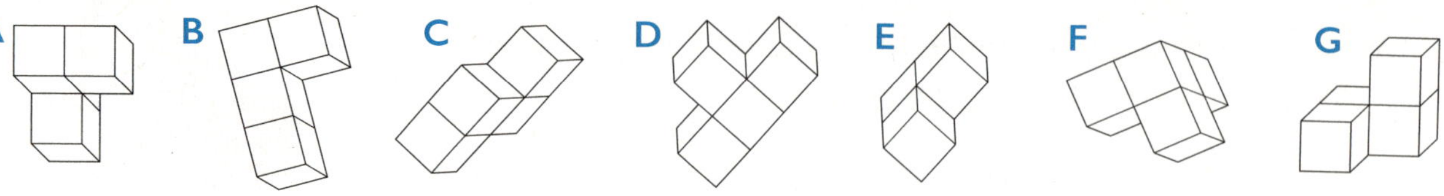

(2) Zeichenkurs Würfel
Benutze Papier mit einem Punkteraster und zeichne einen Würfel im Schrägbild.

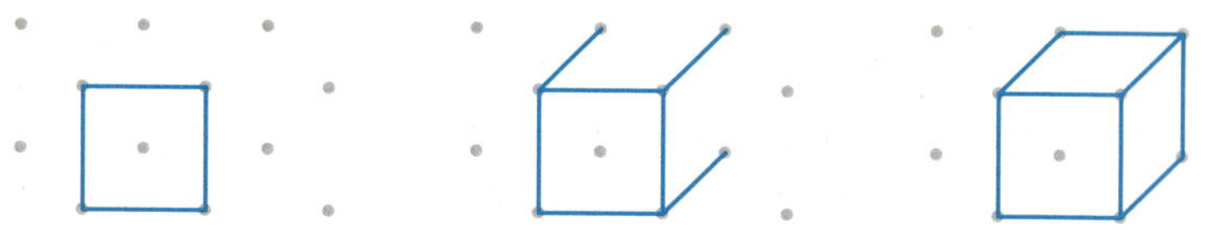

Zeichne zuerst die Fläche, die zu dir zeigt.

Zeichne alle Kanten, die nach hinten verlaufen.

Zeichne die restlichen Kanten.

(3) Zeichenkurs Würfelkörper

a)

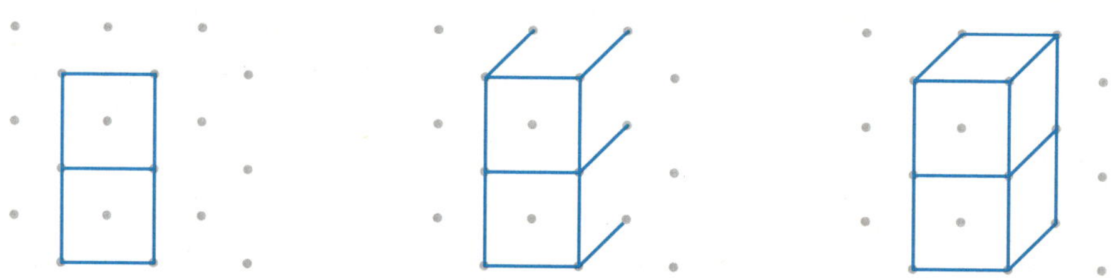

Wenn du mehrere Würfel übereinander zeichnest, ist nur der oberste ganz zu sehen.

b)

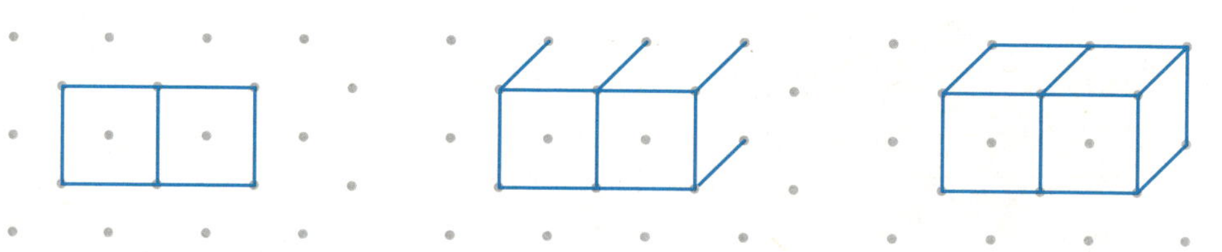

Wenn du mehrere Würfel nebeneinander zeichnest, ist nur der ganz rechts ganz zu sehen.

(4) Zeichne diese Würfelkörper im Schrägbild.

a)

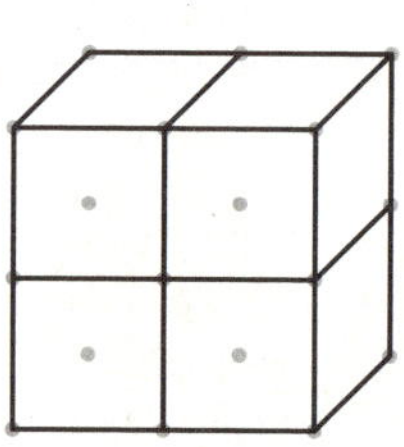

b)

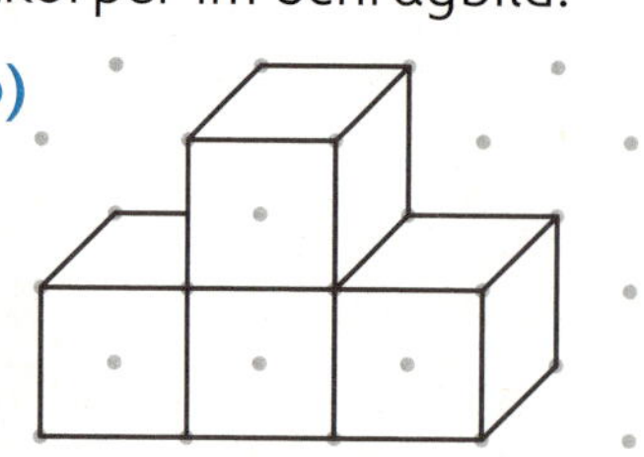

(c)

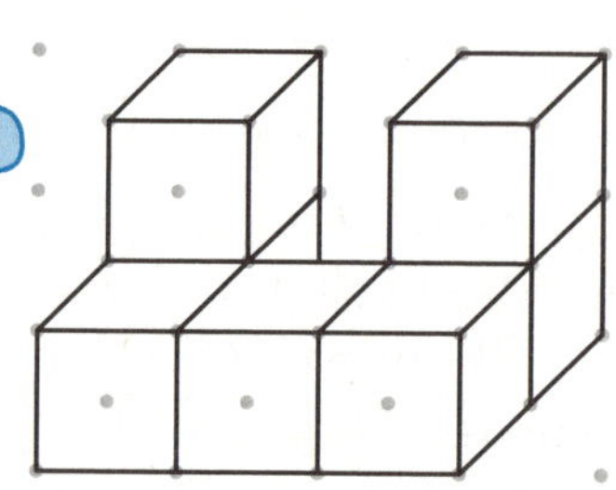

(d) Erfinde und zeichne eigene Würfelgebäude.

1 Im Kopf die Somateile drehen und zuordnen;
2–4 Schrägbilder auf Papier mit Punktegitter zeichnen, Papier als Kopiervorlage
E▸61 AH▸60 A▸61

5 

L T Z Ecke linke Hand rechte Hand Drilling

a) Zeichne Schrägbilder von L, T, Z und Drilling.

b) Stelle das L so vor dich hin: Zeichne es von allen vier Seiten.

c) Zeichne die Teile T und Z von allen vier Seiten.

d) Schaffst du es auch, die linke und die rechte Hand von allen Seiten zu zeichnen?

6 Baue folgende Figuren aus Somateilen nach.
Zeichne die Schrägbilder und färbe die einzelnen Teile mit den passenden Farben ein.

a) 

b) 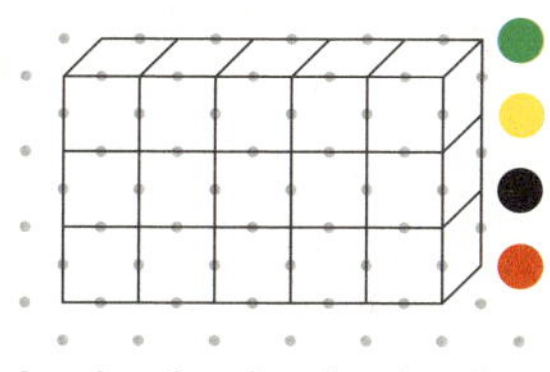

c) 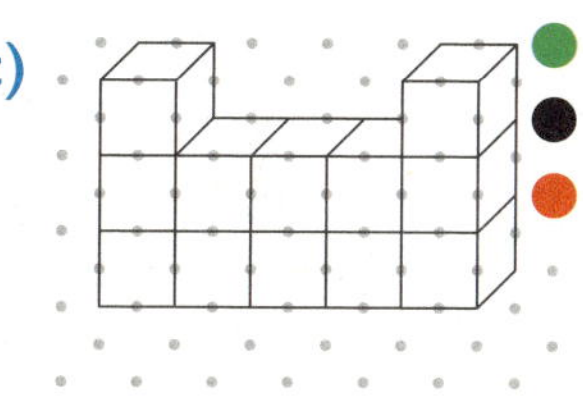

d) 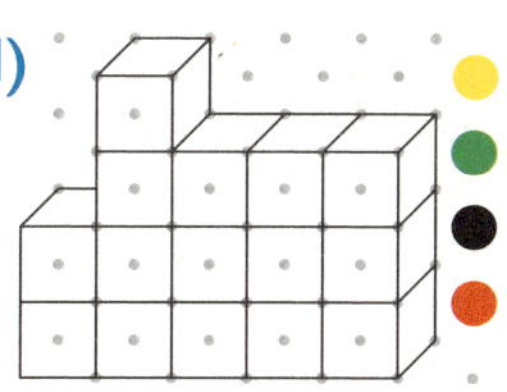

e) 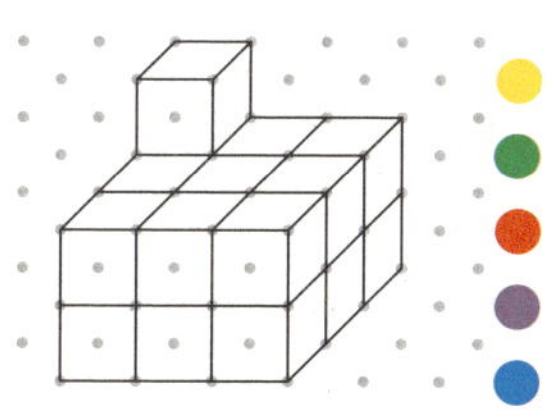

f) 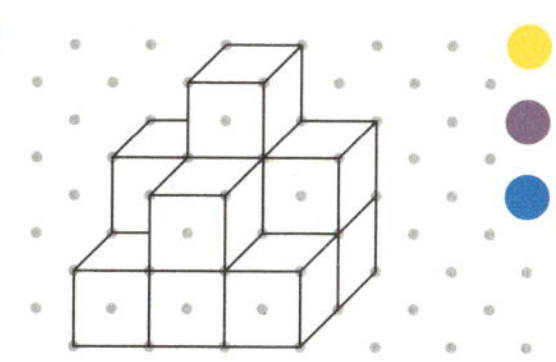

g) 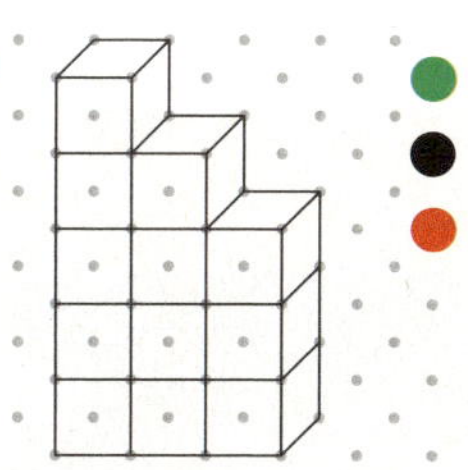

h) 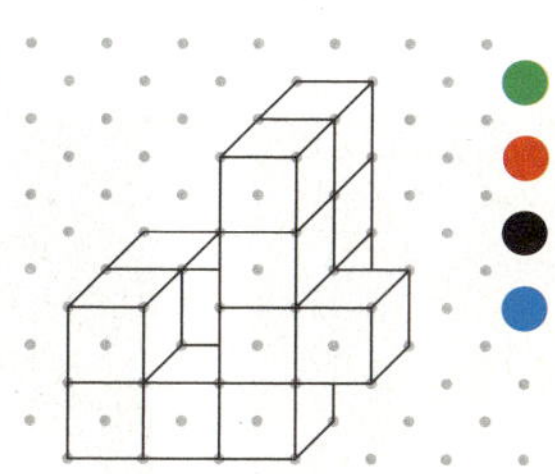

i) 

7 So kannst du auch auf Karopapier Schrägbilder zeichnen. Probiere in deinem Heft.

a) 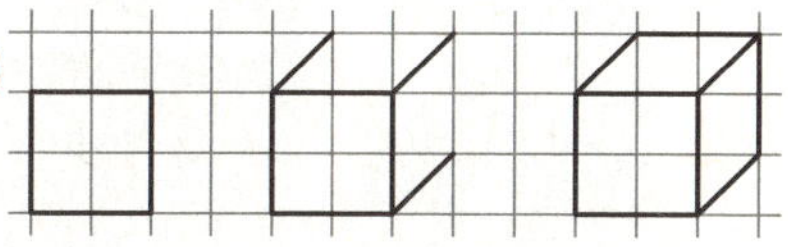

b) 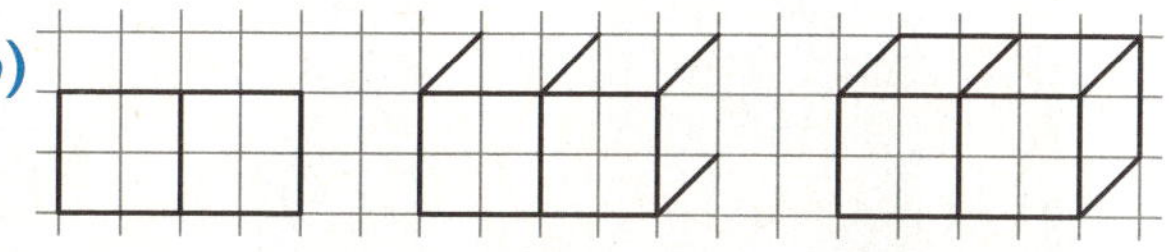

c) 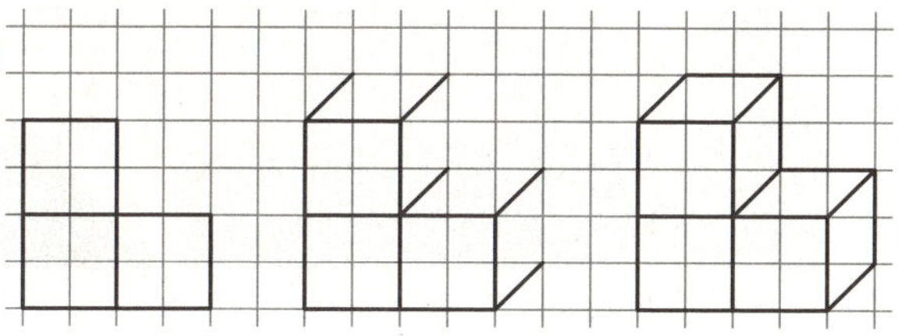

d) 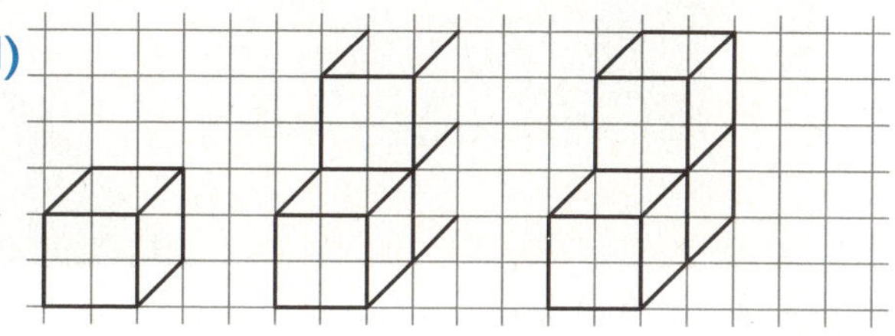

5 Schrägbilder der Somateile zeichnen; linke Hand und rechte Hand stellen besondere Schwierigkeit dar; **6** Aus Somateilen die Bauwerke nachbauen, dazu ein Schrägbild zeichnen und mit Farben die benutzten Somateile markieren; Die farbigen Punkte geben an, welche Teile benutzt werden sollen

E▸61 AH▸60 A▸61

Kunstprojekt: Victor Vasarely

Victor Vasarely, geboren 9.4.1906 (Ungarn)
gestorben 15.3.1997 (Paris)

Vasarely: KOLB MC

(1) In vielen seiner Kunstwerke hat Vasarely mit geometrischen Grundformen experimentiert. Ganz häufig benutzte der Künstler Wabenmuster aus Rauten und stellte so seine „bewegten“ Bilder her.

Durch besondere Anordnung der ebenen Formen und durch die Auswahl der Farben geraten die Bilder beim Betrachten in Bewegung. Es entstehen immer wieder neue Vorstellungen von Flächen und Räumen.

Erprobe es selbst. Nimm dir viel Zeit beim Betrachten der Bilder.
Verändere den Abstand zum Bild, drehe das Bild oder schaue aus verschiedenen Richtungen. Beschreibe, was du siehst.

Vasarely: Axo-G

Axo-G, gedreht

1 Beschreiben der benutzten Formen;
verschiedene Blickpunkte einnehmen und die dreidimensionale Wirkung der Bilder erfahren

E ▶ 62 AH ▶ 61 A ▶ 62

② Wabenmuster aus Rauten
Zeichne diese Figuren in einem Punkteraster. Verbinde die Punkte in den Figuren so, dass Würfelbilder aus Rauten entstehen. Färbe sie ein. Versuche verschiedene Möglichkeiten.

a) 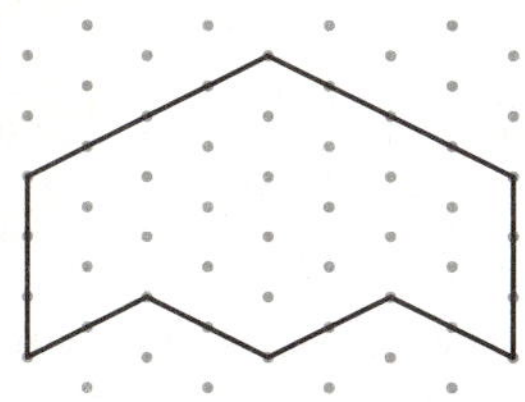

b) 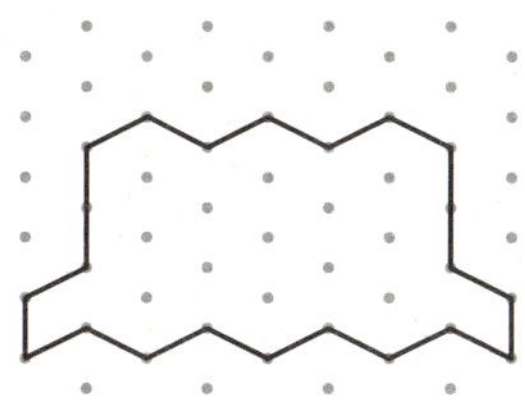

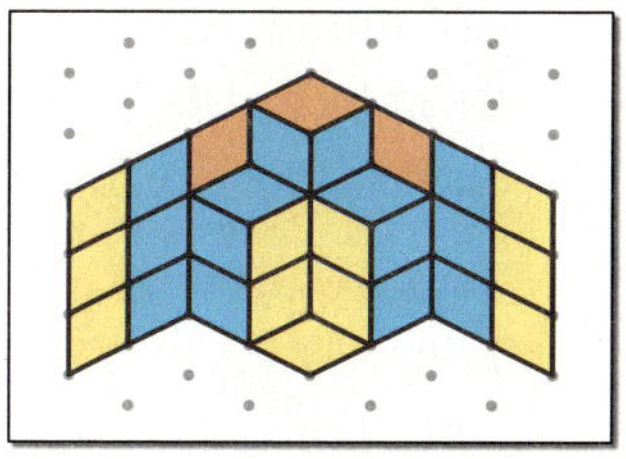

c) Erfinde eigene Figuren und färbe sie ein.

③ Mit dieser Vorlage haben die Kinder der Grundschule Diepholz in der 4. Klasse Vasarely-Bilder in der Art von *Composition 23* hergestellt.

Male ein eigenes Würfelbild aus Rauten nach dem Vorbild von *Composition 23*.

Je nachdem wie du die Farben wählst, entstehen ganz unterschiedliche Wirkungen.

Vorlage nach V. Vasarely, *Composition 23*

Klasse 4, Grundschule Diepholz

2 Mit Hilfe des Punkterasters selbst dreidimensional erscheinende Bilder erzeugen, Papier als Kopiervorlage;
3 Vorlage als Kopiervorlage oder per Computer erstellt; durch unterschiedliches Einfärben entstehen in der Klasse Kunstwerke mit unterschiedlichster Wirkung
E▸62 AH▸61 A▸62

Grundwissen Multiplikation und Division

Ich kann schriftlich multiplizieren.
Vor der Rechnung mache ich einen Überschlag.

Mit dem Überschlag weiß ich, mein Ergebnis …
… ist kleiner als …
… ist größer als …
… liegt in der Nähe von …

Ü: 20 € · 6 = 120 €

18,56 € · 6
111,36 €

a) 3 965 · 4 **b)** 689 · 32 **c)** 508 · 413

d) 385,95 € · 8 **e)** 12,75 € · 38 **f)** 205,05 € · 402

Ich kann Multiplikationsaufgaben überprüfen und sagen, welche sicher falsch sind.

a)
2 067 · 7 = 14 332
4 312 · 5 = 25 560
7 056 · 8 = 49 448
1 986 · 6 = 11 016

b)
78,99 € · 4 = 325,96 €
0,88 € · 9 = 7,92 €
12,25 € · 5 = 60,25 €
59,75 € · 7 = 418,30 €

Ich kann schriftlich dividieren. Vor der Rechnung mache ich einen Überschlag.

a) 51 095 : 5
26 946 : 9

b) 4 908 : 12
8 880 : 30

c) 195,75 € : 9
450,78 € : 6

d) 1 405,80 € : 20
9 950,50 € : 25

Ü: 200 m : 4 = 50 m

218,4 m : 4 = 54,6 m
– 20
18
– 16
24
– 24
0

Ich kann Divisionsaufgaben überprüfen und sagen, welche sicher falsch sind.

a) 2 952 : 8 = 469
3 724 : 4 = 931

b) 20 793 : 3 = 6 930
9 785 : 5 = 1 957 R 3

Ich verstehe und verwende Fachbegriffe.

Multipliziere 340 mit 20.

Dividiere 10 000 durch 4.

Dividiere das Produkt aus 375 und 2 durch 5.

Multipliziere den Quotienten aus 275 und 25 mit 1 000.

Ich kann mit dem Geodreieck senkrechte und parallele Geraden zeichnen.

a)

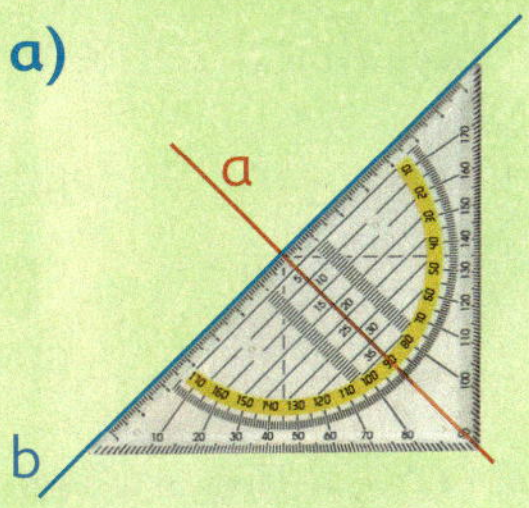

a ist _____ zu b

b)

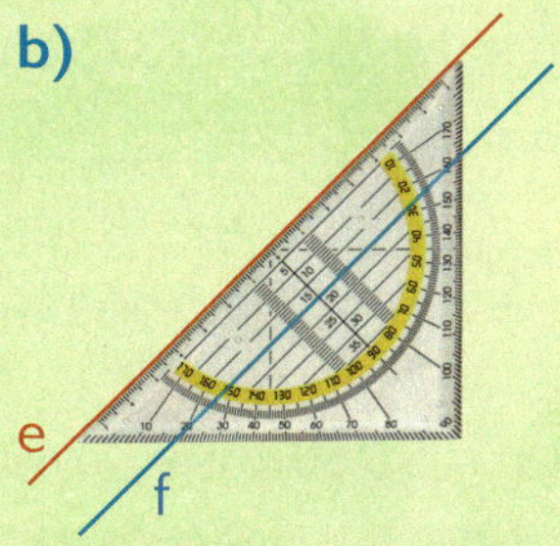

e ist _____ zu f

c) Zeichne zwei parallele Geraden mit dem Abstand 2 cm.
Zeichne zwei dazu senkrechte Geraden, die ebenfalls den Abstand 2 cm haben.
Markiere die rechten Winkel ⦜.

Ich kann mit dem Zirkel Kreise und Kreismuster zeichnen.

a) Zeichne einen Kreis mit dem Radius 3 cm. Markiere Mittelpunkt (M) Radius (r) Durchmesser (d).

b) Immer der gleiche Radius. Zeichne dieses Muster, setze es fort und färbe es ein.

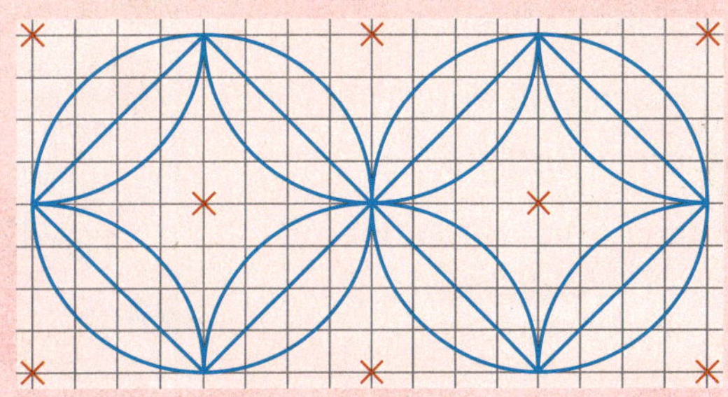

Ich kann drehsymmetrische und spiegelsymmetrische Figuren erkennen und herstellen.

a) Zeichne ab. Trage Drehpunkt und Spiegelachsen ein.

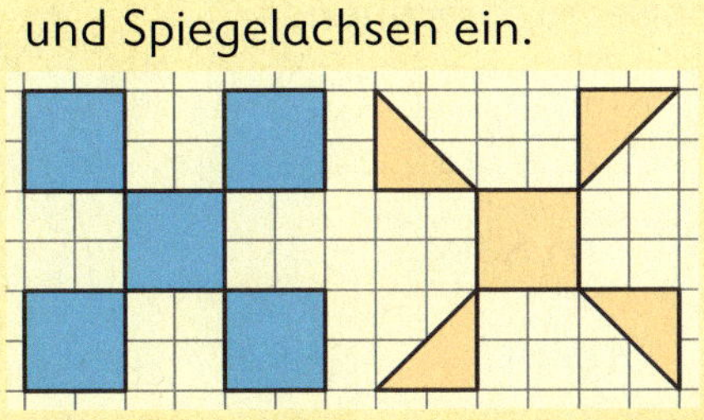

b) Ergänze zu drehsymmetrischen Figuren.

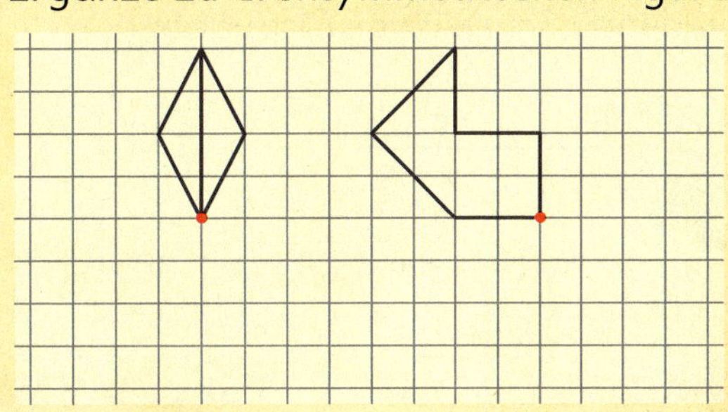

Ich kann den Flächeninhalt und den Umfang bestimmen.

a)

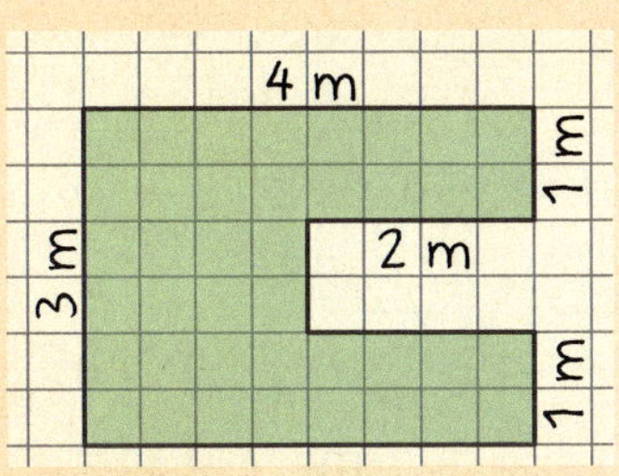

b) Ein Mini-Spielfeld für Fußball hat folgende Maße: Länge 20 m, Breite 13 m, Torbreite 2 m
Es soll mit Kunstrasen belegt werden.
Es werden __ Quadratmeter Kunstrasen benötigt. Am Spielfeldrand – außer hinter den beiden Toren – befindet sich eine Bande.
Die Bande hat eine Länge von __ Metern.

Ich kann Längen in verschiedenen Schreibweisen angeben.

a)

m		cm	
1	3	7	5

13 m 75 cm = 13,75 m = 1 375 cm
2 m 8 cm = ______ = ______
______ = ______ = 80 cm
______ = ______ = 2 009 cm

b)

km	m		
5	7	6	0

5 km 760 m = 5,760 km = 5 760 m
14 km 300 m = ______ = ______
______ = 9,805 km = ______
______ = ______ = 740 m

c) Bruchzahlen

$\frac{1}{2}$ m = __ cm
$\frac{3}{4}$ m = __ cm
$1\frac{1}{4}$ m = __ cm

$\frac{1}{2}$ km = __ m
$\frac{1}{4}$ km = __ m
$5\frac{1}{2}$ km = __ m

Mit Hilfe des Maßstabs kann ich aus einer Zeichnung die Maße in der Wirklichkeit bestimmen.

a) 1 cm in der Karte entspricht __ m in der Wirklichkeit.

b) Die Entfernung von **A** nach **B** beträgt in Wirklichkeit __.

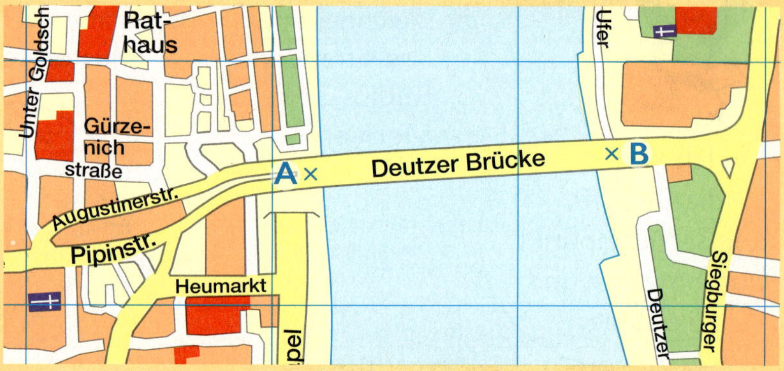

Maßstab 1 : 10 000

a) Ich kann Gewichte in verschiedenen Schreibweisen angeben.

ungefähr 1 t

t	kg		
1	0	8	5

1 t 85 kg = 1,085 t = 1 085 kg
25 t 650 kg = ______ = ______
______ = 7,5 t = ______
______ = ______ = 605 kg

b) Ich kann Gewichte der Größe nach ordnen.

2 025 kg | $\frac{3}{4}$ t | 3,550 t | 1 t 80 kg | $\frac{1}{4}$ t | 0,7 t | 12 t 400 kg | $2\frac{1}{2}$ t

Ich kann das Volumen in verschiedenen Schreibweisen angeben.

1,5 l

a)

l	ml		
1	5	0	0

1 l 500 ml = 1,5 l = 1 500 ml
2 l 450 ml = _____ = ______
______ = 0,75 l = ______
______ = _____ = 1 250 ml

b) Bruchzahlen

$\frac{1}{2}$ l = __ ml
$\frac{1}{4}$ l = __ ml
$\frac{1}{8}$ l = __ ml
$\frac{3}{4}$ l = __ ml
$2\frac{1}{2}$ l = __ ml
$1\frac{1}{8}$ l = __ ml

Ich kann mir beim Lösen von Sachaufgaben mit Skizzen und Tabellen helfen.

Während einer 6-tägigen Ferienfreizeit verbrauchen 120 Kinder 180 kg Brot.

Welche Menge Brot müsste man in der gleichen Zeit für 150 Kinder einplanen?

A 180 kg : 2 180 kg : 4

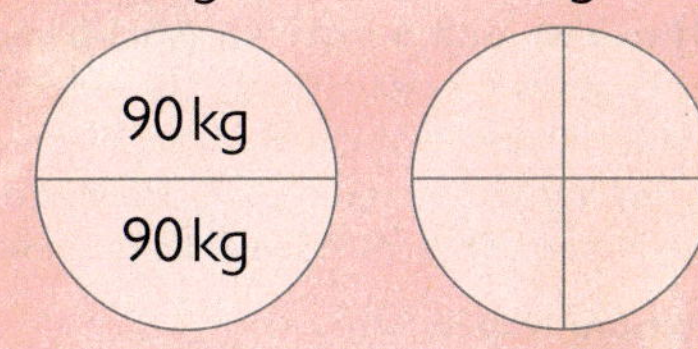

Welche Darstellung hilft dir? Führe sie zu Ende.

B

Kinder	120	60	30	150
Brot in kg	180			

C

120 Kinder → 180 kg
20 Kinder → ___ kg
10 Kinder → ___ kg

Ich kann Daten aus Tabellen und Schaubildern entnehmen und Daten darstellen.

a) Wie hoch ist der Verbrauch einer Familie mit 4 Personen? Notiere in einer Tabelle und zeichne ein Säulendiagramm.

b) Vergleiche mit den Werten von 2008.

Wasserverbrauch einer Person im Durchschnitt (2008)

	1 Person pro Tag
Baden/Duschen	45 l
Toilette	40 l
Waschen/Spülen	30 l
Kochen/Trinken	5 l
Sonstiges	10 l
Gesamt	

4 Personen pro Tag

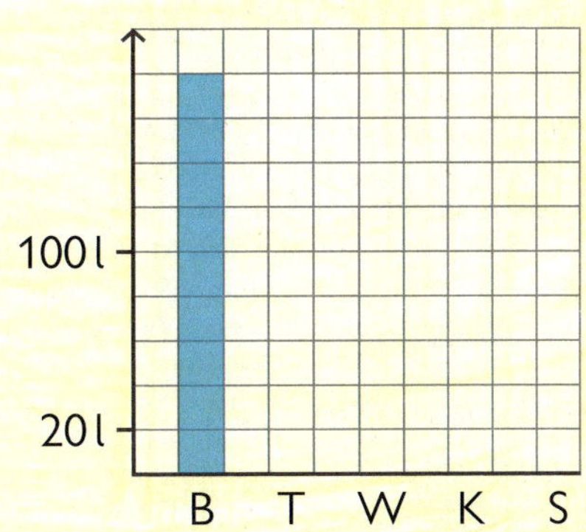

Wasserverbrauch einer Familie mit 4 Personen pro Tag (1990)

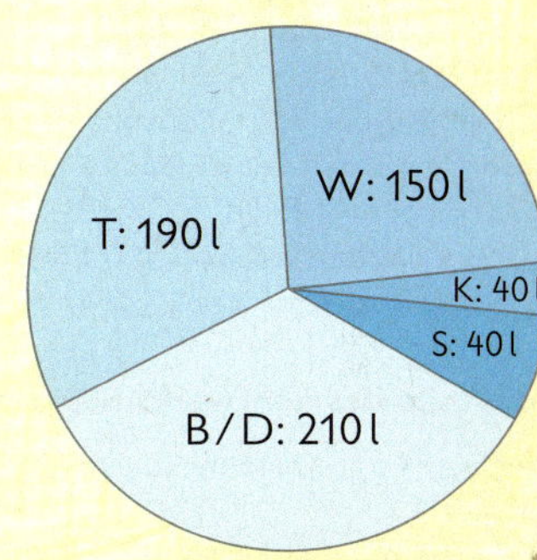

Ich kann aus Texten Informationen entnehmen und nutzen.

Lisa fährt jeden Tag mit dem Bus zur Schule. Für die 8,5 km lange Strecke braucht der Bus 15 Minuten.
In einem Jahr geht Lisa ungefähr 40 Wochen zur Schule.
Sie fährt schon seit dem 1. Schuljahr mit dem Bus und verlässt bald die 4. Klasse der Grundschule.

Das weiß ich schon:

… km an einem Tag. … min an einem Tag.

… Tage in der Woche.

Was willst du wissen?

Super M
Mathematik für alle
4

Herausgegeben von: Klaus Heinze, Ursula Manten, Gudrun Hütten

Erarbeitet von: Heidi Dietz, Bettina Egbers, Matthia Gratzki, Klaus Heinze

Für Hinweise und beratende Mitwirkung dankt der Verlag: Thomas Bongartz (Viersen), Elke Bonn (Wiesbaden), Dieter Eccarius (Freudenstadt), Christine Fürch (Waiblingen), Achim Gerland (Baunatal), Claudia Jähnke (Apensen), Carola Landmann (Wächtersbach), Kirsten Leimann (Hanau), Annerose Lieder-Beuth (Wipperfürth), Margit Nill-Roth (Neckarsulm), Hans Rademaker (Bremervörde), Reinhard Rommel (Aurich), Susanne Schmidt (Wiesbaden), Frauke Schnor (Buchholz i. d. Nordheide), Simone Simon (Karben), Silke Thiel (Erzhausen), Silke Wolff (Wipperfürth)

Redaktion: Nadine Marx

Illustrationen: Martina Leykamm, in Schülerbuch 4 weitergeführt von Eve Jacob, Dorothee Mahnkopf (Super M), Christine Wächter (technische Zeichnungen)

Layoutkonzept: hawemannundmosch

Layout und technische Umsetzung: Katrin Tengler

Umschlaggestaltung: Ines Schiffel

Bildredaktion: Peter Hartmann

Bildnachweis:
S. 2 Cornelsen Verlagsarchiv; S. 3 Katrin Tengler, Berlin; S. 9 picture-alliance/dpaweb/Bernd Thissen; S. 12 Cornelsen Verlagsarchiv; S. 14/1 Circus Krone/Pressebild; 2 picture-alliance/dpa/Harry Melchert; 3 picture-alliance/dpa/Steffen Kugler; S. 15/1 picture-alliance/dpa/Volker Dornberger; 2 Circus Krone/Pressebild; S. 16 Karten: Dr. Volkhard Binder, Berlin; S. 17/1 Nadine Marx, Berlin; 2 Moritz Reuter, Herrsching; 2 picture-alliance /dpa/Ingo Wagner; Karte: Dr. Volkhard Binder, Berlin; S. 27 Wikipedia/Arpingstone; S. 34 Klaus Heinze, Diepholz; S. 37/1, 4 Klaus Heinze, Diepholz; 2 FAN Travelstock; 3 Werner Otto, Oberhausen; S. 46/47 berlinluftbild/Grahn (alle Stadien); www.fußballtempel.de (Stadion Barcelona); Karte: Dr. Volkhard Binder, Berlin; S. 53/1 picture-alliance/dpa/Michael Rosenfeld; 2 picture-alliance/SVEN SIMON; 3 picture-alliance/Chad Ehlers; S. 60/1 picture-alliance/dpa/Uwe Gerig; 2 picture-alliance/Barbara Scheer; 3 picture-alliance/dpa/Roland Weihrauch; S. 63/1 MEV-Verlag, Augsburg; 2 Germanfarmhaus.de; 3 www.adler-schinken.de; S. 66/1–3 Peter Wirtz, Dormagen; S. 67/1–3 Peter Wirtz, Dormagen; S. 69/1 Wikipdia /CC/Jailbird; 2 Cornelsen Verlagsarchiv; 3 picture-alliance/dpa/Martin Gerten; 4 picture-alliance/Empics Andrew Parsons; S. 80 PROFIL Fotografie Marek Lange, Berlin; S. 81 Wikipedia/GNU/Flickr; S. 84 1 Steffen Marx, Berlin; 2 Wikipedia; 3 Wikipedia/Flickr/CC/Gruben; S. 86 Peter Wirtz, Dormagen; S. 91/1–3 Klaus Heinze, Diepholz; S. 92 picture-alliance/dpa/Wolfgang Krumm; S. 95/1 picture-alliance/united archives/mcphoto; 2 picture-alliance/Helga Lade/G. Krämer; S. 99/1, 3–6 Cornelsen Verlagsarchiv außer; 2 picture-alliance/dpa/UPI/Landov; S. 100/1 PROFIL Fotografie Marek Lange, Berlin; 2 © VG Bild-Kunst, Bonn 2008 für Wassily Kandinsky; S. 106 Cornelsen Verlagsarchiv; S. 108 1, 3 Klaus Heinze, Diepholz; 2 U. S. Navy; 4 Bildagentur Foto-Dock-Petzold, Hamburg; S. 112/1–3 Meyer-Werft, Papenburg/Pressebild; S. 113/1 Getty Images/Images News; 2–4 Meyer-Werft, Papenburg/Pressebild; S. 114/1 akg-images, Berlin; 2 Matthia Gratzki, Wallenhorst; 3 teamwork/Scholz; S. 115/1 Cornelsen Verlagsarchiv; 2 aus: Maya-Paläste und Pyramiden. Taschen, 2004; S. 116/1 picture-alliance/ZB/Sören Stache; 2 JUNIORS Bildarchiv, Ruhpolding; 3 fotolia/Richard Villalon; 4 OKAPIA KG/Hermann-Sigfrid Goehler, Frankfurt; 5 picture-alliance/Klett/Albert Jung; 6 Flickroom/Andreas; 7 Cornelsen Verlagsarchiv; S. 117/1 fotolia/Zapatero46; 2 fotolia/Peter Wey; 3, 4 fotolia/Eric Isselée; 5 static.twoday.net; S. 118/119 Karten: Dr. Volkhard Binder, Berlin; S. 122 © VG Bild-Kunst, Bonn 2008 für Victor Vasarely; S. 126 Karte: Dr. Volkhard Binder, Berlin

Bestandteile des Lehrwerks Super M für das 4. Schuljahr

Schülerbuch 4 mit Kartonbeilagen	978-3-06-081340-7
Arbeitsheft 4	978-3-06-081344-5
Arbeitsheft 4 mit CD-ROM	978-3-06-081348-3
Handreichungen für den Unterricht mit Lehrermagazin	978-3-06-081352-0
Kopiervorlagen mit CD-ROM	978-3-06-081415-2
Einstiege/Aufstiege 4	
Arbeitsblätter zur Differenzierung	978-3-06-081431-2
Einstiege 4	978-3-06-081485-5
Aufstiege 4	978-3-06-081486-2

Im Paket: Handreichungen für den Unterricht mit Lehrermagazin und Kopiervorlagen mit CD-ROM 978-3-06-081488-6

www.cornelsen.de

1. Auflage, 1. Druck 2009

Alle Drucke dieser Auflage sind inhaltlich unverändert
und können im Unterricht nebeneinander verwendet werden.

Druck: Druckhaus Berlin-Mitte GmbH

ISBN 978-3-06-081340-7

Inhalt gedruckt auf säurefreiem Papier aus nachhaltiger Forstwirtschaft.